天下文化
Believe in Reading

# 永續之城

臺中市與企業攜手讓世界更好

# 目錄

落實低碳日常，構築宜居城市，
開啟永續發展新篇章，打造共好未來

# 為永續城市奠定基礎

楊瑪利 《遠見雜誌》社長兼《哈佛商業評論》執行長

　　氣候變遷的危機壟罩全球,近幾年來全球最關注的議題非「永續」莫屬。

　　2021 年 3 月,微軟創辦人比爾．蓋茲呼籲,人類如果要避免氣候變遷帶來的災難,就得淨零碳排來阻止地球升溫,「燃燒是最劇烈的氧化,我們必須延緩地球氧化的速度」。

　　五個月後,聯合國跨政府氣候變遷小組提出警告,人類造成的污染已經導致極端事件增加;全球經濟活動排放的溫室氣體是造成氣候變遷的核心原因,同樣指向大氣中含量過高的二氧化碳。

## 淨零碳排是新顯學

　　為了防止極端氣候繼續惡化,目前全球的共識是在 2050 年前達成淨零碳排的目標,使得近年來碳定價、碳關稅、碳費、碳權等相關議程成為新顯學。

基於使用者付費原則，以每噸二氧化碳當量（$tCO_2e$）為計價單位來計算碳排放的成本費用，已成趨勢，碳排放量愈多，生產者便得付出愈高的成本。而跨國貿易徵收碳稅、碳費也成為必然趨勢。2022 年初的經濟規模與歐盟排放交易體系顯示，每噸二氧化碳的價格可能落在 50 到 100 美元間，並持續上揚；若以每噸 100 美元的價格來計算，總金額將占全球經濟的 5%。

　　5% 是個很大的數字！但，這項責任屬於誰呢？企業不該迴避責任，政府也是。必須在造成環境更大傷害前，趕緊了解如何進行碳盤查、減碳、購買碳權、開發碳權，並計算碳的負債。

　　臺灣有許多企業已是完成碳盤查、推動內部碳計價的先行者；國發會則在 2022 年 3 月底宣布「臺灣 2050 淨零排放路徑及策略總說明」，宣示要用國家力量推動臺灣淨零轉型。2023 年 1 月 10 日立法院才三讀通過《氣候變遷因應法》，將 2050 淨零排放目標入法，並正式啟動碳費徵收機制。

中央政府已經動了起來，各縣市政府又是如何因應「永續」這個議題？臺中市產業發達，從鋼鐵、造紙、食品到電子科技均有，是否在邁向淨零的永續之路上，充滿挑戰？

## 全球城市的共同目標

　　《遠見雜誌》長期關心臺灣的永續發展議題，在 2005 年首創臺灣媒體第一個企業社會責任（CSR）大調查，至今已執行 19 屆，並在 2023 年更名為「遠見ESG企業永續獎」。2020 年首創臺灣媒體第一個大學社會責任（USR）獎項，長期關心好企業與大學如何邁向永續發展的道路。另外，《遠見雜誌》的縣市長施政滿意度大調查與縣市總體競爭力大調查，更是從 1995 年執行至今，近年來更將永續議題納入縣市競爭力評比的核心關懷。

　　2022 年，臺中市在《遠見雜誌》所公布的縣市總體競爭力評

比中，穩坐六都第二；在「永續競爭力調查」永續治理一項則高居六都之冠。2018 年上任便提出「藍天白雲行動計畫」、2021 年初簽署《氣候緊急宣言》的臺中市市長盧秀燕很高興，「今年臺中市的 $PM_{2.5}$ 已經大幅降低 12 微克／立方公尺！」

臺中市怎麼辦到的？《永續之城：臺中市與企業攜手讓世界更好》這本書，描述臺中在地企業如何實踐 ESG，而臺中市政府又如何協助企業，並落實 SDGs 的十七項永續指標。

被美國有線電視新聞網 CNN 評選為臺灣最宜居城市的臺中市，也再次證明城市進步的意義，不僅止於經濟成長、基礎建設，而必須聚焦在環境保護、社會進步、經濟發展三大面向，才能接軌國際，和全球城市共同打造「永續地球」。

# 企業與地方邁向永續，落實 SDGs 與 ESG 目標

2009 年，瑞典科學家約翰‧洛克斯特羅姆（Johan Rockström）在 TED 以「Let the environment guide our development」為題演講，內容關於他邀請了三十位世界頂尖的環境科學家組成團隊，列出包括氣候變遷、生物多樣性喪失、氮循環、磷循環等九項重要的環境指標，稱之為地球限度（Planetary Boundaries）。當時，科學家們以此為警示，人類若持續過度使用地球資源，超過地球可負荷的限度，可能會使得地球系統變得不穩定，形成當前和未來社會的風險。

十四年後的現在，地球氣溫處於上升趨勢。2022 年的極端氣候，讓全球各地頻頻傳出災難性洪水、導致農作物枯萎的乾旱，以及創紀錄的熱浪狀態。臺灣亦無法倖免，2020 年迄今無颱風登臺，南臺灣更是近六百天無大雨降下，可說是繼 2021 年年初又一次面臨乾旱的危機，其嚴重狀況甚至有過之而無不及。

長久以來，人們積極追求經濟成長，為了推動工業必須燃煤，而石油則做為燃料、化工產業的原料。大量燃燒煤炭和石油，造成大氣中的二氧化碳濃度增加，加上大幅度開墾林地等行為，致使溫

室氣體濃度愈來愈高，直到發生快速的氣候變遷才讓人驚醒。

　　氣候變遷不僅是氣候模式的改變，更可能造成缺糧、水資源匱乏、生態失衡，以及物種滅絕等全人類危機。

　　正當全人類面臨嚴峻的氣候變遷課題時，2015 年 9 月聯合國大會全體會員通過《改變我們的世界：2030 年議程永續發展》（Transforming Our World: the 2030 Agenda for Sustainable Development）文件，同時宣布十七項永續發展目標（Sustainable Development Goals, SDGs），呼籲各國城市的永續發展目標，應聚焦於環境保護、社會進步、經濟發展三大面向。

## 公私協力聯盟，促進低碳轉型

　　以臺中市來說，各項經濟活動蓬勃發展，在人口、產業、公共建設等利多條件加持下，吸引了許多國際級大廠進駐，相繼在此設立辦公室、工廠及研發中心，也是許多隱形冠軍企業的發展基地。

　　在產業快速發展的同時，臺中市政府也意識到淨零碳排已經是全球趨勢，而氣候快速變遷的現在，追尋城市全面性發展的挑戰，絕非僅需面對傳統的安全項目而已，如何在城市發展與自然生態間取得平衡，邁向「永續發展」，儼然已成重要課題。

　　對此，臺中市政府首先將 2011 年率全國之先所成立的「低碳城市推動辦公室」，擴增為「永續發展及低碳城市推動辦公室」，以此做為推動城市永續發展的基礎，落實永續發展及減碳之願景目標與策略。臺中市市長盧秀燕也於 2021 年 1 月簽署《氣候緊急宣言》，

同步提出「永續 168 目標策略」，展現守護環境與永續發展的決心，同年 9 月發表《2021 臺中市自願檢視報告》，接軌國際，在環境、社會與經濟面向結合 SDGs 及其理念，提出切實可行的施政策略。

　　值得一提的是，《2021 臺中市自願檢視報告》在 2022 年台灣永續能源研究基金會所舉辦「台灣企業永續獎」評選中，於「政府機關永續報告評比」類別獲得白金佳績。臺中市政府更與二十個公協會、十所學校及研究單位等，共同成立「低碳產業永續發展聯盟」，協助臺灣中小企業落實低碳轉型，達成淨零碳排終極目標。

## 從產業及生活著手推動低碳

　　氣象專家彭啟明觀察：「臺中市在落實永續發展的執行力上，對比其他縣市可說是勝出很多。」尤其臺中市為精密機械科技產業重鎮，在工具機產業具有世界領導的地位，位居全球第五大出口國，面臨國際企業皆積極落實 ESG（環境保護 Environment，社會責任 Social，公司治理 Governance）與 2050 淨零碳排目標，臺灣產業可說是嚴陣以待。彭啟明分享：「現在歐盟正規劃針對高污染產品徵收碳關稅，並將擴及產品製作如螺絲、螺栓等下游廠商，對於臺中市精密工業的中小企業，將產生很大的衝擊。」

　　他舉例，未來商品出口至歐盟前須先進行申報，計算產品每公噸所產生的碳排放量並提供碳含量報告；因此，企業必須積極進行碳盤查，否則未來可能遇到無法出口的窘境。政府也責無旁貸，必須透過公私協力，幫助產業為低碳轉型鋪路，所以臺中市政府主動

在城市發展和自然生態間取得平衡，邁向永續發展，已成為重要課題。

參與由歐盟發起的「國際城市夥伴計畫」，值得肯定。他也觀察到，臺中市政府很早就投入協助產業節能減碳的工作，譬如，考量城市永續性進行都市規劃，遇乾旱時利用地下水；將容積率獎勵政策納入「建築量體與環境調合」項目，引入城市風廊概念，將「基地通風率」做為評估指標，給予2%～5%的容積獎勵額度。

此外，每年的媽祖遶境活動雖是地方盛事，卻也造成環境負擔，臺中市政府環境保護局（簡稱臺中市環保局）自2017年起響應低碳政策，推動環保祭祀概念，減少焚香、燒紙錢，改以功（米）代金，提供紙錢集中清運等服務，減少燃燒香枝、紙錢及鞭炮，成

因應聯合國永續發展的需求，臺中市政府推動離岸風電。

功將細懸浮微粒（$PM_{2.5}$）濃度降低四成。這些政策都有助於幫助企業及市民認識環境永續的迫切性，並且落實執行。

## 建立永續價值觀

臺灣大學土木工程學系教授、同時也是水利專家的李鴻源則認為：「氣候變遷是 2000 年以來，人類最大的危機，也是最大的商機。」在歐盟宣布將自 2023 年 10 月起試行「碳邊境調整機制」開始，

「碳」將會變成未來企業經營的主軸之一。企業必須認知到自身與氣候變遷的關係，並將其融入公司治理，避免企業在追求成長時反而造成環境負擔，形成氣候變遷的災害，因此，企業本身必須務實規劃邁向淨零甚至負碳排的措施，進而推動轉型。

李鴻源也認為，在「碳捕捉」技術討論得沸沸揚揚之際，建立正確的節能減碳觀念更加重要。目前大多數企業已有落實 ESG 永續的概念，並擴大到企業治理，應該在公司內部訂定切實執行碳排查的計畫，進而降低排碳，千萬不要讓撰寫 ESG 報告書當作萬靈丹，甚至流於形式。在政府方面，則可透過地方自治條例，協助企業節能減碳，過程中還可結合多方力量。李鴻源舉例，許多大學愈來愈重視社會責任，臺中市政府水利局與東海大學公私協力，讓東大溪生態回歸，不僅讓溪流重回清澈面貌，也實踐了 SDGs 指標中健康與福祉、教育品質、淨水與衛生、永續城市、氣候行動、陸地生態、全球夥伴等項目，邁向永續發展之路。

因為親自參與此案，李鴻源分享：「我帶領團隊成員，巧妙利用地形高低差，加裝小發電機產生綠電，還因此獲得七張綠電憑證，讓東海大學使用。」他也建議水利局盤點臺中市各區適合規劃小型綠電的排水路，希望未來可以持續推動，取得更多綠電憑證，為提供再生能源盡一份心力，他說：「大學實踐 USR，企業擘劃 ESG，政府單位領頭落實 SDGs 指標，才能把臺中變成真正的永續發展都市。」

李鴻源與彭啟明更一致認為，臺中市政府在有限的資源下，結合民間力量，共同讓這座城市在面臨氣候變遷的威脅中，能夠兼顧經濟發展及環境永續，邁向韌性城市。（文／翁瑞祐）

# 第 1 部

# 視 野

受到環境開發、資源稀缺、極端氣候、貿易戰爭、新冠疫情等影響，人們日益關注淨零轉型、永續環境的重要性。

尤其是全球受到極端氣候的挑戰，熱浪、暴雨、洪災頻傳，人們生活環境遭受嚴重威脅。為此，聯合國於 2015 年提出「2030 永續發展目標」，指出全球必須在 2030 年前減半碳排放量，並於 2050 年前實現淨零碳排，減緩氣候危機帶來的影響。

臺中市，會如何面對？

## 臺中市政府環境保護局

# 淨零減碳，城市回春術

近年來，臺中市環保局以科技執法，有效降低環境污染及碳排放，並從廚餘發電、掩埋場設置太陽能板生產綠電、將焚化爐底渣資源化、沼渣沼液變肥料等不同面向，翻轉城市面貌，邁向淨零碳排的永續目標。

---

全球氣候變遷議題方興未艾，2015 年聯合國訂定出十七項永續發展目標，做為 2030 年世界各國永續發展的指導原則，臺灣也在 2023 年跟進，於 2 月 15 日由總統公告施行《氣候變遷因應法》。

不同於之前的《溫室氣體減量及管理法》，這次新法修正重點包含納入 2050 年淨零排放目標、確立政府部會權責、增列公正轉型、強化排放管制及誘因機制促進減量、徵收碳費專款專用、增訂氣候變遷調適專章、納入碳足跡及產品標示管理機制等內容，以因應日益嚴峻的氣候變遷和國際產業鏈的碳排放要求。

以打造「幸福永續、宜居城市」為願景的臺中市政府，呼應中央「2050 淨零排放」目標，於 2022 年宣示淨零路徑，以清淨空氣、碳排歸零為本，推動「一修、二綠、三零」六大關鍵策略。

所謂「一修」為修訂《臺中市發展低碳城市自治條例》，研議設置「氣候變遷因應推動會」專門組織，成立「氣候轉型基金」，

專責推動臺中市氣候變遷調適、溫室氣體減量、照顧氣候轉型弱勢的工作。

「二綠」是綠電減煤及綠色環境,計劃於 2050 年再生能源累計裝置容量達 100 億瓦（10GW）,推廣滯洪池濕地化、提升綠覆率,增加城市藍綠帶面積。

「三零」則是零碳建築、零碳運輸及零碳生活,朝向 2050 年私有建築全面符合能效 1+ 級,共享運具 2 萬輛及電動車充電站 2 萬座,全面布建 iBike、電動車及大眾運輸環境,截至 2022 年年底,電動公車目前已有 241 輛,是全國第二,以及生活零碳轉型、推廣全民綠生活、零碳生活 APP 等。

## 打通城市靜脈

臺中市政府環境保護局局長陳宏益以人體血液循環比喻,「環境永續就像人體血液循環,循環好,身體自然會健康。」

如果把國家當成人體,來自電力、自來水、石油、瓦斯、天然氣等能源就像是動脈,負責輸送氧氣;而城市則扮演靜脈的角色,將帶有二氧化碳的血液輸回心臟。

什麼是城市裡的二氧化碳呢?譬如垃圾、廚餘、空污、廢水、事業廢棄物等,各種因日常或經濟活動所產生的廢棄物,「只要城市做好管制,國家就能面對 2050 年的淨零碳排挑戰。」

陳宏益進一步解釋:「常聽人們為了永保青春、逆齡抗老,所以要『抗氧化』。其實抗氧化就是一種『還原』動作。自工業革命以

來，人類為了改善生活，加速經濟活動，燃燒煤炭、石油，這些都是強烈的耗氧行為，需要透過還原動作，平衡地球環境。」

## 廢棄物合法資源化循環

站在城市治理者、同時負責環保局業務的角色，陳宏益思考的是：如何將氧化部分還原，把城市靜脈輸出的廢物，一一妥善處理。

譬如垃圾，在臺中這座近 282 萬人生活的城市中，每天要處理的一般垃圾量約 2,300 公噸，如何減量？甚至資源回收再利用，是重要課題。陳宏益坦言，垃圾會臭是因為有廚餘，而廚餘又是垃圾中最難處理的，「新加坡曾嘗試廚餘發電，可是做了五年左右宣告失敗，主要是垃圾分類不夠徹底。但臺灣不一樣，是全世界少數執行廚餘回收的國家，而且做得還不錯。」

早期，臺灣回收廚餘是賣給養豬戶，後來發現生廚餘（如植物性的蔬菜、水果和殘渣）需要蒸煮過才能給豬隻食用，加上又有非洲豬瘟、口蹄疫等問題，並非長久之道，「所以我們想到運用生廚餘進行綠能發電，這正是一種有機物的還原，」陳宏益補充。

位於外埔的綠能生態園區，正是臺中市集中處理廚餘的所在地，也是全臺灣第一座以廚餘發電的生質能源發電廠，每天為臺中市賺進五萬元的發電收益。之所以能有如此成就，臺中市市民配合進行垃圾分類、清潔隊成員們努力宣導及協助，都在其中發揮關鍵作用，陳宏益說：「下個階段我們會繼續研究生熟廚餘一起處理的發電方式，如此一來，民眾再也不用煩惱如何分類，只要一個桶子，

外埔的生質能源發電廠透過處理生廚餘，為臺中市賺進許多發電收益。

就能讓廢棄物發揮最大效用。」

　　除了發電之外，園區內的沼渣還可製成有機質肥料，沼液變成土壤肥分補充液，2022年環保局更與外埔有機米耕作農民合作4公頃稻田，收成8萬台斤稻米製作成「友善環境米磚」，達到「從餐桌到餐桌」的綠色循環。

　　「這種生廚餘回收處理，屬於有機物的還原，另一種無機物還原像是焚化爐燒完垃圾後產生的底渣，經再利用程序後成為焚化再生粒料，可代替部分天然土石材料，臺中市環保局寶之林廢棄家具再

臺中市政府希望啟動城市自體內的綠色循環，讓城市回春。

生中心的停車場地磚，就是烏日焚化爐的底渣再利用製成，」陳宏益補充，臺中市政府更透過法令，要求轄內公務機關及公用單位的公共工程，應優先使用焚化再生粒料至少 50%，從公部門帶頭利用廢棄物再生製品。

## 公私協力管控污染源

　　臺中市環保局也借鏡國際新穎爐床技術及空污防制設備經驗，

汰舊換新文山焚化廠設備，希望恢復每日 900 公噸處理量能，發電效率達 25% 以上，同時增加空污防制效率。

在垃圾掩埋復育地 4.83 公頃面積中，啟動無煤綠能發電的「文山綠光計畫」，建置 2 萬片太陽能光電模組，每年約可產生 800 萬度以上電量，換算下來，約可減少 4,432 公噸二氧化碳排放，相當種植約二十四萬五千棵樹木一年所吸附的二氧化碳量。

對於 2050 年臺中市達到淨零碳排的目標，陳宏益十分有信心，他說：「發展再生能源、廢棄物回收再利用，未來都可能成為計算淨零碳排的抵碳負項，我們接下來希望啟動城市自體內的綠色循環，執行城市抗氧化的還原回春術。」

光是公部門以身作則，推動淨零碳排不夠，唯有產業及全體市民動起來，城市才可能真正回春。

譬如，臺中市環保局自 2021 年起，針對金屬表面處理業、電鍍業等高污染潛勢事業，推動「水管家輔助業者自主管理計畫」，二十四小時協助業者監測放流水水質，檢視自身工廠廢（污）水處理設施功能是否完善，從污染源頭開始進行預防性管控及自主管理，減少河川水污染事件發生。

陳宏益說：「過去我們在放流口取樣，不合格就開罰，現在則透過感測器協助監測水質，超出標準就提醒業者，等於提早幫他們檢驗、協助管理排放水質。」運用科技解決污染問題，公私協力一起為環境盡一份心力。

臺中市環保局在運用科技執法的腳步走得很快。譬如防制空氣污染方面，透過科技執法，像是車牌辨識、AI 影像辨識、無人機、

大數據、物聯網等工具，進行環保稽查；或者在五大工業區架設「智慧環境監控系統」，一旦發現空污狀況，就會鎖定影像並主動告警，稽查大隊就能依此前往現場進行處理。

目前臺中市環保局也嘗試透過無人機監控，發現空氣污染超過標準數值就自動飛上去取樣，不過礙於法令規範，無人機只能在特定場域進行試驗，若未來能在法規上有所突破，相信可以發揮更大功效。

陳宏益說：「如今的環保科技稽查，已經不是等到民眾申訴，而是早在陳情前，環保局就要掌握概況。」在各項政策推動下，臺中市2022 年空氣中的$PM_{2.5}$濃度為 12.7 微克，已達到國家標準，相較於2018 年的 18.7 微克，更大幅減少 6.0 微克，改善率高達 32%；且 2022年空氣品質不良日為 11 天，也較 2018 年的 60 天減少 49 天。相信臺中天空愈來愈藍、空氣愈來愈好的景象，指日可待。

### 碳抵換，引導綠色行為

面對 2050 淨零議題，全球各國紛紛提出因應策略。譬如跨國產業對供應鏈廠商的減碳要求持續增加，使得愈來愈多企業加入零碳行列；2024 年臺灣也將針對 287 家排碳大戶徵收碳費，由環境保護署專款專用，投入任何有助於減少碳排的技術改善與研發。

任何一種經濟開發行為，都難免對環境產生負面影響，必須提出正面措施進行補償；過去是針對污染排放，要求業者做出相對應的補償作為，如今反而聚焦在碳補償。

陳宏益認為，透過環評機制，可以讓企業進行碳補償。例如，

與地方政府合作種樹，向環保署申請碳權進行抵換；或者企業租用電動巴士，做為員工通勤使用，抵換碳權。

「或是臺中市政府在應用沼液時，若需要運送到遠處，是否有企業可以幫忙配管線到農田，一來省下運輸費用及運送過程中的碳排；再者農民不用去買化學肥料，減少環境負擔；至於投資管線配送的業者又可以依此做碳抵換，一舉數得，」陳宏益說。或者過去農民習慣露天燃燒稻草，若願意改用讓稻草根部較快分解腐爛的肥料，改掉露天燃燒的習慣，就可以申請碳補償。這些地方政府能透過行政作為引導企業及個人走向淨零的策略，未來都可以彈性運用。

此外，臺中市政府也將成立ESG輔導團，協助企業推動ESG、零碳認證及掌握碳排放量，培育綠領人才，減低企業的碳焦慮。

過往習慣以GDP衡量國家經濟能力的時代將過去，陳宏益認為，在永續淨零趨勢下，未來應該把用水、用電、垃圾產生量等環境碳排一併納入計算，環保署甚至也開始推動產業環境會計制度（又稱綠色會計，可正確顯示企業環境活動之相關財務資訊）。期待未來一個國家、一座城市，能在消耗地球最少資源、使用最少水電、產生最少廢棄物的前提下，來達成高經濟所得的生活環境，那才是富而好禮的社會。（文／林春旭、攝影／胡景南）

## 外埔綠能生態園區

# 轉廢為肥，
# 打造綠色循環經濟

全臺第一座以生廚餘發電的生質能源廠「外埔綠能生態園區」於
2019 年在臺中開始營運，為臺中市減少生廚餘量與焚化爐碳排，並
以沼氣、沼渣生產綠電與有機肥料，開闢出全新的綠色循環之路。

　　豔陽下，臺中市外埔的有機稻田裡，結實纍纍的稻穗，在強韌
的稻稈上隨風搖曳、不見倒塌，這是青農陳明祥照料下的農田景象。

　　這片稻米，獲得 2022 年「臺灣稻米達人冠軍賽」臺灣有機米組
季軍，使用的有機肥料，正是來自「外埔綠能生態園區」以回收廚
餘製成的有機肥。將市民廚房裡的廢棄蔬果食材（生廚餘）回收再
利用，製成肥料養育作物，作物再經過烹調端到民眾的餐桌上，像
這樣「從農田到農田」、「從餐桌到餐桌」的理念與做法，是臺中市
環保局選擇的綠色循環經濟之道。

　　開啟綠色循環經濟的契機，得從外埔綠能生態園區的故事說起。

　　外埔綠能生態園區擁有臺灣首座以廚餘發電的生質能源廠，每
日回收臺中市近 105 公噸的生廚餘，經過厭氧消化後，產生的沼氣可
發電 10,000 度，躉售台電公司每日可收益約五萬元；所產生的沼渣

臺中市環保局團隊和禾山林綠能（右一為廠長李長應）合作，設立了外埔綠能生態園區生廚餘回收再利用工廠。

及沼液，則化身為肥料。

## 堆肥廠轉化為友善環保綠能園區

走進外埔綠能生態園區，很難想像，二十多年前，這裡是一座令民眾嫌惡的傳統堆肥廠。由於採用開放式設備，時不時飄出異味，常常引起附近民眾抗議，加上廠商經營不善，這座堆肥廠於2008年後停止營運，自此閒置近十年。

荒廢多年後，設備損壞，加上地處偏僻、環境髒亂，形成地方治安死角，使得堆肥廠活化議題不斷被提出，迫使臺中市環保局進一步思考如何讓這座堆肥廠活化並產生更多價值。

過往，生廚餘一直被當作一般垃圾處理，熟廚餘則大多回收做為養豬之用。臺中市環保局重新檢視垃圾組成，發現生廚餘占比偏高，因此，在思考活化這座閒置堆肥廠時，鎖定以回收再利用生廚餘為目標，希望透過活化後的新廠將垃圾變黃金。

通往美好願景的路並不好走，臺中市環保局和夥伴克服了許多挑戰。

2017年，臺中市環保局開始與禾山林綠能以ROT的方式合作，由政府提供土地、廠商自提規劃構想。在臺中市環保局協助下，積極尋求十三個跨部門機關提供相關證照，如建築執照、使用執照、取得再生能源發電設備登記等；廠商也開始進行舊廠房大整建、新廠房開挖、新設備建置等。

不過，臺中市環保局打算利用厭氧發酵技術處理生廚餘，在當

成立時間：2019 年

員工人數：臺中市環保局綠能班 10 人及 ROT 廠商禾山林綠能 21 人

負責人：郭濟安

解決垃圾生廚餘的去化問題，減少臺中市的垃圾焚化量

---

時的臺灣幾乎無前例可循，連學者都不看好。

　　厭氧發酵是利用微生物來分解有機物質。回收的生廚餘（例如：未烹煮過的蔬菜、水果和茶葉、咖啡、黃豆等殘渣）進來後，在緩衝槽內進行前處理（破碎與製漿），漿液進入密閉式的厭氧消化系統，利用酸化槽營造甲烷菌生長環境。

　　禾山林綠能廠長李長應表示，厭氧槽裡的甲烷菌適合生存的pH值為 6.8 到 7 點多之間，如果低於這個數值，甲烷菌就會死亡。由於擔心萬一回收生廚餘中夾雜太多異物，會導致甲烷菌大量死亡，廠商以漸進式進料的方式開始馴養微生物，臺中市環保局也只先分區回收生廚餘。

　　而在前處理過程會產生異味的問題，臺中市環保局和廠商也透過新設計、新技術來解決。

　　臺中市環保局表示，既然建立新廠，當然不能再發生異味問題。回想當初，地方民眾一聽到堆肥廠要再次啟用，馬上響起反對聲音；市府積極溝通，讓民眾了解生廚餘與熟廚餘的不同，也說明工廠採全密閉設計，並且會透過抽風機將臭味抽至生物除臭系統，

外埔綠能生態園區設置以廚餘發電的生質能源廠，為臺灣生質綠能做了最佳示範。

進行分解再排放，不會有傳統廚餘堆肥廠的難聞氣味。

　　站在臺中市環保局的角度來看，外埔綠能生態園區除了解決垃圾生廚餘的去化問題，減少臺中市的垃圾焚化量，同時還有沼氣綠電和沼渣、沼液肥料的產出，能創造多元化利用的效益。

　　李長應推估，若以全期一年可回收 5.4 萬公噸的生廚餘來推估，未來一年約可產出 780 萬度的電量，若以台電每年家戶用電量 4,224 度換算，約可提供 1,847 戶家庭一年的使用電量。雖然整體產出電量仍不大，卻是臺灣生質綠能的起步，也符合聯合國永續發展目標的

「促進綠色經濟，確保永續消費及生產模式」及「完備減緩調適行動，以因應氣候變遷及其影響」兩大目標，符合資源永續與循環經濟目的。

## 生、熟廚餘分不清楚

2019 年 7 月，外埔綠能生態園區生廚餘回收再利用工廠終於開始運轉。然而，生質能源電廠要能持續穩定營運，一大關鍵就是確保料源的品質和分量充足。

2019 年 10 月，臺中市環保局開始全市大量收運生廚餘，不過，光是教育宣導就耗了將近一年。站在生廚餘回收第一線，每天有各式各樣的問題要面對，臺中市環保局表示，「以前沒有生、熟廚餘的分類，生廚餘被歸類在一般垃圾，因此我們面臨的第一個難題，就是要教育民眾什麼是生廚餘、它與熟廚餘有何不同。」

一開始，有些民眾誤以為生肉、生魚就是生廚餘，事實上，生廚餘是指未烹煮過的蔬菜、水果和殘渣（例如：茶葉、咖啡和黃豆渣）。不過，在外埔綠能生態園區運行時又發現，一般定義的生廚餘不見得全部都適用，例如茭白筍的殼、玉米外皮、榴槤皮、椰子殼等長纖維植物，屬於硬殼類的生廚餘，過往是很好的堆肥植物，但礙於園區內工廠機器設備的特性，長纖維植物消化時間長，同時占據消化槽不少空間，利用率不高，因此得排除在回收之外。

由於生廚餘回收分類加上臺中市本身的條件，促使宣導方面必須更費心。推廣初期，環保局垃圾車會掛上紅布條宣導，車子前後

各設一個告示牌：「綠色桶子放生廚餘、紅色桶子放熟廚餘」；為了不耽誤民眾倒垃圾的時間，清潔隊員會趁民眾等候垃圾車時先進行宣導、分類。

「有時候民眾可能不小心就把塑膠袋、衛生紙甚至菜刀，倒進廚餘桶裡，」李長應無奈地說，雖然工廠會進行異物排除，還是無法避免突發狀況，「我們最怕的是硬物，如鐵器、石塊混入，會直接對機器造成磨耗損傷，甚至跳電、停止運轉。曾有一次發生四十公分大小的石塊混入，好險工作人員聽到異音立即撈出，否則廠內只有單一製程線，一旦停擺，就會造成延宕。」

外埔綠能生態園區在 2022 年榮獲績優清潔隊環保設施評比競賽「環保設施管理組」特優獎。

宣導期過後，臺中市政府於 2021 年 1 月 1 日正式公告，民眾如果沒有按照生、熟廚餘分類，可依《廢棄物清理法》第 50 條規定處分，希望透過規範，改變民眾的認知及態度，最終達到良好的環保行為。

## 積極開發生廚餘來源

解決了生廚餘確實分類的問題，下一個就是量的挑戰。臺中市環保局坦言，「第一年要交出生廚餘 1.2 萬公噸的保證量，很有壓力。」

與其被動等待，不如主動出擊。因此，清潔科的隊員們像業務員一般走出去開發市場，主動尋找有生廚餘產出的水果行、果汁店，也積極拓展至全聯、楓康等大型超市。在這些店家，壞掉的水果、削切處理後的果肉果皮、淘汰的生鮮蔬果等，就算當作一般垃圾處理也很麻煩，若能回收再利用，一方面可幫助店家降低處理垃圾的成本，另一方面替電廠擴大生廚餘的料源，達到雙贏。

因為效果良好，後來進一步鎖定臺中市社區一千棟大樓，輔導每一棟大樓設置生廚餘與熟廚餘的回收桶。

 SDGs、ESG 實踐心法

對民眾強力宣導正確廚餘分類的觀念，讓生廚餘轉化為綠色能源。

外埔綠能生態園區走在臺灣的前端，順利以穩定的生廚餘發電之際，沼渣與沼液的再利用，則遇到法令跟不上時代的問題。

　　在國外，廚餘經厭氧發酵後產出的沼渣、沼液，可以合法再製成有機堆肥轉售或提供給農民使用。但在外埔綠能生態園區營運初期，國內環保法令仍將「沼渣、沼渣液、沼液」視為廢棄物，以至於園區每天產出大量的沼渣、沼液，無法充分循環再利用。

　　臺中市環保局決定與技佳進行「渣液資源化田間試驗計畫」。針對生廚餘沼渣液、土壤及地下水進行採樣分析，同時觀察作物生長情形，並進行稻米植體分析及土壤肥力等檢測，數據結果均合乎農業及環保單位的標準。終於，2022 年 7 月 27 日環保署修正「一般廢棄物清除處理方式」，公告經由生質能源廠透過厭氧發酵處理後產生的沼渣、沼液可以再利用。同年，外埔綠能生態園區與四位農民利用 4 公頃農地合作試驗，將園區的沼液混入灌溉水，做為改良土壤

農民參訪外埔綠能生態園區，了解資源循環、有機肥料等資訊。

外埔綠能生態園區已獲「環境教育設施場所」認證。

的農田基肥，也把沼渣製成有機肥料，用以增加土壤肥分，試驗成果農地種出來的 8 萬台斤稻米，最後製作出「友善環境米磚」。

而經過農委會認證、以園區沼渣做成的有機肥料「就是肥」，目前於臺中市南屯、西屯及北屯三處農會銷售，其有機質高達 85%，猶如「農作物的綜合維他命」；而沼液也轉化為有機質液肥或土壤改良液，成為農作物的養分，轉廢為肥。為了推廣給更多農民使用，外埔綠能生態園區免費提供沼液給農戶，無論種稻或種植水果、蔬菜，希望擴大友善環境的耕作方式，促成綠色循環經濟。

## 是工廠，也是環境教育場所

做為全臺第一座生廚餘發電的外埔綠能生態園區，在多年綠能發電試驗與研究之外，於 2021 年 3 月取得「環境教育設施場所」認證，除了適合學生戶外教學、實地教育，也吸引不少民意機關參訪，更於 2022 年榮獲環保署評比「環保設施管理組」特優獎。

園區內配有專業認證的環境教育人員進行導覽解說，讓民眾進一步了解，園區的厭氧消化技術如何讓生廚餘轉化為綠色能源，還能變身有機肥料等副產品，也探討生廚餘的再利用方式、有效解決有機垃圾的處理問題，還能在此了解電力與生活的關係，以及節約用電之道。它不只是一座綠能工廠，更成為臺中人與土地、循環經濟、綠色生活的連結平台。（文／林春旭、攝影／胡景南）

# 第 2 部

# 先 行

臺中市是製造業重鎮，許多企業在地生根超過數十年，立足臺灣、布局海外，是撐起臺灣產業經濟的重要支柱。

這些企業，從傳統鋼鐵、造紙、食品產業，到電子科技產業、觀光產業等，面臨供應鏈重組、通膨、低碳、能源和數位轉型等多重挑戰時，化危機為轉機、逆勢成長，不忘初衷，為員工打造優質工作環境，善盡社會責任，逐漸發展成永續世代的指標企業。

（企業案例，以公司名首字筆畫排序）

中龍鋼鐵

# 導入智慧與綠色工法，
# 兼顧環保與經濟

中龍鋼鐵產品線多樣，品質穩定、易加工成形及可客製化成分規格等優點，內外銷都大受青睞。迎接零碳時代來臨，積極導入人工智慧元素，採用最新高效環保製程設計，開展永續發展的新篇章。

　　位於臺中港鋼鐵專業區的中龍鋼鐵，占地280公頃的廠區四周，高牆聳立、巨網相連、人煙罕至的景況，交織出一種靜謐氛圍。原來這是為了防止廠內原料向外逸散，所做的防風防塵網設備。

　　中龍鋼鐵是臺灣唯一同時擁有高爐及電爐一貫化作業的鋼鐵廠，主要產品為熱軋鋼捲、扁鋼胚、小鋼胚、H型鋼與窄幅鋼板等製品，但高爐製程所需原料為鐵礦、冶金煤、石灰石等，在產製過程中，容易造成大量二氧化碳排放，使得中龍鋼鐵名列國內排碳大戶之一。

　　中龍鋼鐵生產部門副總經理劉憲東說：「高爐製程需使用焦炭做為還原劑，才能把鐵礦石還原成鐵。」

　　對此，如何在生產過程中管制空氣污染，一直是中龍鋼鐵關注的重大議題，建廠之初就採用防制空污的最佳可行控制技術

中龍鋼鐵生產部門副總經理劉憲東（左五）表示，全公司致力於減碳策略及技術研發，朝淨零碳排的方向努力。

（BACT）進行設計，期間依舊不斷改善空氣環保設施，在符合法令規定、環評承諾外，希望藉此扭轉民眾認知企業高污染的印象，進而了解中龍鋼鐵為了降低空氣污染所做的努力。

譬如，過去煉鋼原料多擺放在戶外堆置場，為了避免原料逸散，污染空氣，影響居民生活，中龍鋼鐵設置密閉式原料輸送系統。原料從碼頭取料機到輸送系統均為密閉式，四周還有130支灑水槍定時灑水、噴灑化學穩定劑，形成保護膜，保護周邊空氣品質。廠區四周也搭建了二十三公尺高、四公里長的防風防塵網，降低揚塵以及噪音。

為了更妥善控制原料粉塵污染源，加強防止粒狀污染物逸散，降低空氣污染源排放量、污水排放量，以及機具作業產生的噪音，中龍鋼鐵斥資超過百億元，自2016年起由同為中鋼集團的中鋼結構，打造升級版的室內原料堆置場，總面積高達33公頃，約九座巨蛋大，2019年8月已完成冶金煤全室內堆置。

目前持續進行鐵礦及石料室內堆置工程，完成之後將可達到原料輸送及轉運流程全密閉的目標，預估每年可以減少粒狀物排放58.5公噸。

不僅在廠區內減少空污，在廠區外，中龍鋼鐵也協助社區減少空污發生的機率。

中龍鋼鐵生產部門助理副總經理陳信榮說：「過去稻作收割後，農民會燃燒稻草整地，造成煙霧四竄，影響行車安全，甚至引發火警。」為此，中龍鋼鐵甚至與龍井區農會合作，補助益菌肥給農民使用，提供土壤微生物養分，自然而然分解腐化稻草。如此一來，不

成立時間：1993 年

員工人數：約 3,200 人

董事長：黃建智

總經理：李昭祥

在臺中市環保局的媒合下，於秀水里協助設置生態池，推廣水環境教育

---

僅能避免火災、解決空氣污染，還能為土地增加地力，一舉數得。

## 從低碳邁向碳中和

面對全球「2050 淨零排放」目標、綠色轉型等新挑戰，儘管製程所需原料勢必會造成高碳排，中龍鋼鐵依舊持續關注減碳策略與技術研發，擺脫排碳大戶惡名。

為了達成目標，中龍鋼鐵 2022 年成立了「節能減碳及碳中和推動小組」，小組下再分出「低碳煉鐵」、「低碳煉鋼」、「能源效率提升與低碳能源」、「固碳技術」，以及「法規資訊收集與溝通」五組。2030 年之前，先著重在前三項。

比如說在低碳煉鋼部分，電爐製程是利用廢鐵熔煉，與高爐相比排碳量較低。劉憲東提到，雖然國內廢鐵數量不多，但在循環經濟上，有著提高生產流程中能源及資源效率、減少廢棄物產生的益處，未來將提高廢鐵使用比例，達到更好的資源再生效果。

至於高爐製程因使用焦炭造成高碳排的缺點,目前雖然還無法找到替代還原劑,但中龍鋼鐵也持續觀察國際間氫能煉鋼的發展,結合氫與氧產生水與鐵,希望達到零碳排效果。

　　中龍鋼鐵公用設施處處長陳壽南提到,還有一項減碳措施是興建「污泥乾燥設備」,降低廢棄物污泥的產出量,同時減少廢棄物運輸及處理過程中所產生的污染及碳排。

　　中龍鋼鐵自建廠至今推出各種減碳專案,累計減碳量達 203 萬公噸,相當於 5,219 座大安森林公園每年的吸碳量,對整體環境的減碳有極大助益。

　　目前針對減碳,中龍鋼鐵內部有很多技術尚在研發中,陳壽南不諱言,有些技術研發還不夠成熟,只能踏實地從最基本的效能提升做起,低碳能源、低碳煉鐵、低碳煉鋼,一步步走下去,最終達到碳中和目標。

劉憲東表示,公司成立能源節省委員會和節能減碳及碳中推動小組,以落實永續發展目標。

中龍鋼鐵是臺灣唯一同時擁有高爐及電爐一貫化作業的鋼鐵廠。

身為中鋼集團百分之百持股子公司的中龍鋼鐵，秉持著集團「團隊、企業、踏實、求新」四大精神，以及「致力技術精進與智慧製造，持續減碳環保及價值創新，成為世界一流的鋼鐵生產基地」願景，逐漸朝向「低碳生產、綠色鋼廠、環境永續」的永續目標發展。

劉憲東說：「集團董事長翁朝棟對『永續經營』抱持著遠見與決心，即使中龍鋼鐵只有十多年歷史，在永續發展策略上，也以集團為目標自我要求。」

## 把水用得淋漓盡致

早在 2007 年，中龍鋼鐵便成立「能源節省委員會」，推動節電與節水；2022 年成立「節能減碳及碳中和推動小組」，由董事長與總經理擔任負責人，一級主管則是小組成員，有策略、有方法地落實相關政策。

尤其淨零碳排已是全球極力關注的議題，推動小組特別針對「節能」議題，要求各單位每年提出十五項以上的節能方案，無論落實期程長短，小組成員們都會每月、每季討論執行狀況，做為改善之用，公司則持續監督及追蹤，了解困難點並給予協助。

此外，鋼鐵業向來被視為用水大戶，製程從冷卻、除鏽、潤滑、洗塵每個階段，都需要使用大量的水。

因此在節水方面，中龍鋼鐵透過製程改善，以最佳調度模式節約用水量，做好節水措施，確保水資源能被更有效地使用，陳壽南表示：「廠內可以將製程中所產生的廢水進行多層次回收再利用。目

前已經可以做到讓每滴水反覆循環利用的次數從四次提高到五次，直到無法再利用時，再排放進行澆灌或淋洗，總體用水回收率達98.6%以上。」

因為中龍鋼鐵積極落實各項用水、節水措施，在水利署即將開徵的耗水費中，預計可獲得減價徵收優惠，顯示中龍鋼鐵對守護水資源做出了重大貢獻。

此外，轉爐氣體儲槽U型水封及鎮渣砲塔改用回收水，一年也可降低原水使用量近 30 萬公噸，就連製程中產生的蒸氣、燃氣及熱能也絲毫不浪費，收集用來自主發電，現在廠內電力自主循環也達到80%以上。

把水用到淋漓盡致的中龍鋼鐵，節水有成，這一切的努力都可以從經歷 2021 年百年大旱時看出成效。

## 百年大旱，緊急應變

當時的臺灣，遭遇到五十六年來首次沒有颱風入境，最大規模的乾旱事件。陳壽南說：「2020 年年底，水利署就針對中部地區發布水情提醒。當出現需要加強水源調度及研擬措施的綠燈時，中龍鋼鐵內部便開始追蹤臺中德基水庫和鯉魚潭水庫的儲水情形，發現兩座水庫都有蓄水量持續降低的狀況。」

2021 年初，中龍鋼鐵成立抗旱小組，正準備積極提出抗旱行動時，臺灣西部地區水情燈號也從原本的綠燈，升溫至需要減壓供水的黃燈，用水量大的鋼鐵業首當其衝。

劉憲東回憶當年：「2021 年鋼鐵業景氣回升，市況最好，訂單應接不暇。」如此美好的時期，偏偏碰上百年大旱，供水無法滿足產線需求，中龍鋼鐵只能自力救濟，張羅未來用水。

中龍鋼鐵啟動尋找地下水井計畫。盤點將近 385 口水井，確認取得地下水水權的合法性，同時取水化驗水質是否符合需求，再根據水井地點，規劃供水、運水時程及交通動線，最後找到 35 口適用水井，並成立運水團隊執行抗旱水源載運工作。

2021 年 4 月，水利署正式展開供五停二的限水措施，產生供水不足的狀況，幸好中龍鋼鐵已超前部署，從限水當天運送抗旱水源，加上水利署在臺中發電廠建置的臨時海水淡化廠，也挹注部分海淡水給中龍鋼鐵，這才稍微舒緩了用水危機。

6 月上旬，臺灣終於下起雨來，水利署慢慢恢復正常供水，危機解除。

陳信榮說，水對鋼鐵業來說十分重要，高溫的煉鐵、煉鋼製程都需要透過水來冷卻保護生產設備安全，水源不足同時也會影響廠內發電，若自發電力不足則必須買電，增加生產成本，產能將因此降低。

 **SDGs、ESG 實踐心法**

持續改善製程，提高能源及資源效率，減少廢棄物產生。

這次的百年大旱如同當頭棒喝，提醒中龍鋼鐵應該多管道取得水源，因此除了自來水之外，也建立起地下水的供水路徑和布點，以備不時之需，並且配合臺中市水利局期程，加速啟動放流水再生水廠的建置。

在中龍鋼鐵的規劃下，委託同為中鋼集團子公司的中宇環保工程負責籌建福田放流水再生水廠，成為目前唯一由企業自行建造的再生水廠。

未來，臺中市福田水資源回收中心每天供應中龍鋼鐵 5.8 萬公噸的放流水，經過中龍鋼鐵的再生水廠處理後，預計可產製出 2.61 萬公噸的再生水，取代部分製程用水；並將製程已無法重複使用的放流水，用於揚塵抑制的灑水，提高廢水再利用率。陳壽南指出，如此一來，中龍鋼鐵就能把廠內原本要使用的自來水，讓出做為民生用水，善盡社會責任。

## 落實節能，發展綠電

2023 年年初，中龍鋼鐵與日商瑞穗銀行簽訂中鋼集團第一筆綠色貸款，用於配合臺中市政府所推動的「福田水資源回收中心放流水回收再利用計畫」，在臺中港區興建再生水廠，預計於 2026 年第一季接管通水。

這筆綠色貸款是依據亞太地區貸款市場協會的綠色貸款原則嚴格檢視，經由安永聯合會計師事務所擔任第三方確信機構覆核，是對中龍鋼鐵與中鋼集團積極落實減碳目標所給予的肯定。

中龍鋼鐵目前已完成建造 16 座太陽能案場，以改善因天候造成的發電不足問題。

中龍鋼鐵另一項重要工作是節電。陳壽南指出，「電」是一貫作業鋼鐵廠需要的能源之一，因此從 2019 年開始，中龍鋼鐵響應政府及集團再生能源開發政策，積極於廠房屋頂興建太陽光電設施，發展綠電。

其中在第一原水池上架設漂浮型太陽光電設備，可於綠能發電的同時，降低陽光直照水面的機會，進而防止水分蒸發，減少水資源浪費。

「氣候，是太陽光電最大的變數，」陳壽南說，「下雨天無法發電，陰天發電量不足。」為了補足因天候造成的發電不足問題，中龍鋼鐵目前已完成建造 16 座太陽能案場，透過經濟部能源局取得發電執照，落實能源轉型。

劉憲東提到，還有其他更細膩的節電做法，包括把馬達更新為變頻馬達、高耗能的照明改為 LED，養成工作人員省水、省電的日常習慣，該關則關、當省則省，都能有效減少能源消耗。

中龍鋼鐵更與時俱進地導入人工智慧（AI）元素，開發智能化系統與管理工具，增設有機朗肯循環（ORC）發電機，提升蒸氣回收效率以優化自發電量。

## 與市府攜手推動環保工作

中龍鋼鐵在落實 ESG 的過程中，也與臺中市政府有了很好的合作關係。

陳信榮指出，臺中市環保局一向積極為垃圾去化尋找新出路，

規劃廢棄物製作成固體再生燃料（SRF），朝循環再利用的多元處理方式。所謂固體再生燃料，就是利用從垃圾中回收的高熱值、高可燃性物料，經過處理，造粒、造塊或者製成柱狀，再將這些物料做為替代燃料。

臺中市環保局徵詢中龍鋼鐵使用意願，並提供試用，未來正式生產固體再生燃料時，也將視中龍鋼鐵需求供給，共同落實廢棄物循環利用。

而當臺中市環保局推動臺中港區海洋污染緊急應變時，中龍鋼鐵提供緊急應變相關設備的存放空間，做為市府因應海洋污染緊急應變的後盾。中龍鋼鐵也在臺中市環保局的媒合下，於秀水里協助設置生態池，推廣水環境教育。

面對氣候變遷加劇，中龍鋼鐵深知環保議題的重要，積極節能減碳、發展水資源循環再生，善盡社會責任，積極成為智慧綠色鋼鐵廠，並竭力尋求公私部門合作的可能性，落實中鋼集團「智慧創新、綠能減碳、價值共創，成為永續成長的卓越企業」願景。（文／翁瑞祐、攝影／胡景南）

**友達光電**

# 結合人文與科技，
# 讓永續持續進化

2008 年，友達光電正式對外宣布「友達綠色承諾」，接續成立永續發展總部、制定 2025 CSR EPS 永續目標、成為 RE100 會員、承諾 2050 年淨零與 100%使用再生能源，這條永續之路將持續進行。

---

　　自從國家發展委員會 2022 年 3 月公布「臺灣 2050 淨零排放路徑及策略總說明」，友達光電內部很快地啟動應變，召開公司永續發展最高治理機構「ESG 暨氣候委員會」會議，積極進行討論。

　　委員會旗下設有：永續技術組、永續事業組、永續能源組、永續製造組、永續供應鏈組、企業關懷組、風險治理組、利害關係人組共八個小組。友達光電永續長古秀華說：「因應政府淨零轉型政策，我們拆解出各種跟友達相關的風險與機會。各組主委必須依據計畫帶領團隊討論分析，找出風險與機會。如果是機會，若與公司經營策略有相對應性，可進一步轉成商機。」

　　之所以會如此有組織、有紀律地推動永續策略，朝向淨零轉型目標邁進並非偶然，而是友達光電長期以來在企業內部累積而成的共識與默契。

友達光電永續長古秀華（左五）表示，公司設立 ESG 暨氣候委員會，往淨零轉型
的目標邁進。

隨著國際情勢、氣候變遷、公司治理與數位轉型等因素，友達光電的永續經營策略不斷進化，如今，ESG暨氣候委員會的運行架構，已經是內部於2021年底再次升級轉型的第三代永續委員會。

**與時俱進的永續發展策略**

　　早在二十年前，友達光電便在公司內部植入綠色DNA。包括2003年起盤查全球營運製造廠區溫室氣體排放量，導入ISO 14064

友達光電從設計販售、製程原料回收、廢棄物減量等著手，打造永續商機。

成立時間：1996 年

員工人數：約 36,000 人

董事長暨集團策略長：彭双浪

執行長暨總經理：柯富仁

積極配合臺中市環保局辦理大型災害防救演練，

檢視各項救災標準作業程序的可行性

標準，通過外部查證，進行透明的排放資訊揭露。

2008 年，友達光電正式對外宣布綠色承諾，朝六大方向邁進：包括開發綠色技術及材料的「綠色創新」；強化綠色供應鏈管理的「綠色採購」；改善製程、落實節能減廢的「綠色生產」；使用環保包裝材料、建置有效率全球運輸及物流系統的「綠色運籌」；提供合作夥伴綠色知識及策略的「綠色服務」；以及創造提高廢棄物回收率的「綠色再生」。

2013 年公司內部成立「永續委員會」，2017 年在公司獲利狀況不錯之際，友達光電董事長彭双浪為了追求永續經營，進一步思考下個布局，於是在 2018 年，重新將企業社會責任（CSR）概念帶入第一代的永續委員會，切分組織，設立永續長及專責推動永續事務的單位，由一級主管帶領，涵蓋到 ESG 各面向；並進一步設立「永續發展總部」，統籌公司永續發展方針，系統性地轉型成第二代永續委員會。

但永續不只是口號，需要明確目標來落實。因此，友達光電制定出「2025 CSR EPS 永續目標」，以環境永續（Environment）、共融成長（People）與靈活創新（Society）做為三大發展主軸，以回應日益受關切的環境議題與社會共融趨勢。

「可是光談CSR還是不夠，必須進一步做到『創造共享價值』（Creating Shared Value, CSV）時，友達認為是時候準備第三代轉型了，」古秀華說。

這次的轉型，將企業共享價值展開到更大面向，擴及到社會公益、環境保護、氣候議題、國際倡議，以及因應全球氣候議題與淨零碳排趨勢，2021 年年底，CSR 永續委員會正式升級為「ESG 暨氣候委員會」。

由於友達光電的永續發展策略與時俱進，不斷轉型，2022 年，已連續十三年入選道瓊永續指數的組成企業，獲得摩根史坦利資本國際（MSCI）發行的ESG 指數評級 A 級；更正式成為RE100（氣候組織 The Climate Group 與碳揭露計畫 Carbon Disclosure Project 所主導的全球再生能源倡議）的會員，承諾於 2050 年達到 100%使用再生能源、朝向淨零目標努力。

## 將 ESG 融入公司文化

從組織運作來看，古秀華說：「ESG 暨氣候委員會八個小組的工作任務皆環扣ESG 面向，我們已經把ESG 設計在公司組織架構裡，融入公司文化，這組織看似很簡單，其實運作起來十分複雜、

忙碌。」

　　身為永續長，她必須經常在公司跨單位討論、對焦ESG策略。除了八個小組每週自行開會，以及每個月古秀華與各組負責人開會之外，每一季還有ESG暨氣候委員會的會議，和每雙週向彭双浪報告相關任務，每三個月至半年跟董事會報告，再加上各種協調會，每年需參與高達上百場會議。

　　之所以如此重視委員會的運作，是因為每一個小組都肩負雙重任務，除了推動公司內部落實ESG任務之外，邁向減碳任務更是一大重點，尤其是減碳任務還細分商機平台、供應鏈平台、數位平台等六個對接平台，負責事務彼此牽動，各組都無法獨善其身，必須跨單位進行協調，這也顯見友達光電的永續政策是「玩真的」。

## 找出痛點的永續之路

　　美國哈佛學者麥可・波特（Michael Porter）和馬克・卡曼（Mark Kramer）於2011年在《哈佛商業評論》（*Harvard Business Review*）提出「創造共享價值」的觀念，認為企業不該在賺錢後才實踐社會責任，而是先把解決社會問題視為主要動機，在發掘商機、獲取利潤的同時，也解決社會問題，是一種兼具商業和社會利益的經營模式。

　　古秀華說：「友達想創造『永續的共享價值』，並非自己說了算，更需要透過議合利害關係人，聆聽他們的回饋，以及回應他們對友達的期待。」

　　回顧友達光電的永續之路，並非一路平坦，而是從不斷的失

敗、挫折中找到創新之路。

水資源議題一直是科技業的宿命。1999 年，友達光電、中華映管於霄裡溪上游設廠，放流水排入溪中，遭到附近居民抗議，這起「霄裡溪事件」是友達光電面臨的第一個環保挑戰。

古秀華回憶當時情況，公司花了很多時間跟政府單位、當地居民、環保組織溝通，並摸索出一個道理：與其一直面對抗議，不如思考能否把危機變成轉機。於是，彭双浪提出一個問題：「如果公司撥一筆預算推動廢水零排放，可行嗎？」古秀華轉述，當時工作人員聽到這句話，感受到公司的決心與不小的壓力。

## 正面迎擊痛點，走向水資源專家

那個時期，友達光電尚未真正獲利，就決定規劃十億元經費，進行龍潭廠的廢水零排工程，「有了預算和人力後，友達團隊全力投入技術研發，」古秀華說，接下來的五年，友達光電全心投入研究製程水全回收技術，克服各種工程面、技術面、行政面的挑戰，終於在 2015 年年底，完成首座自主設計的整合製程用水全回收系統，龍潭廠也達成製程用水百分之百回收的目標，每日回收水量高達 1 萬 8,000 公噸。

成功回收製程水後，友達光電舉辦一場封管儀式，對外宣示：「友達光電龍潭廠未來將不會再排出任何一滴廢水。」

以解決社會問題為動機，設法創新並改變製程，友達光電不但成功翻轉形象，2017 年還成立專精於水資源管理與淨零碳排的子公

司「友達宇沛」，靠著多年累積下來的節水技術與經驗，協助公司獲利，甚至在龍潭廠設立「AUO GreenArk 水資源教育館」推廣水教育，不僅化危機為轉機，還變成商機，真正成為水資源專家。

## 善用大數據，減少用水與材料浪費

面對極端氣候挑戰，企業除了制定ESG 戰略之外，還要規劃數位轉型，兩相結合才能面對各種挑戰，這是友達光電走過這段旅程

友達光電的「AUO GreenArk 水資源教育館」，致力推廣珍惜水資源的概念，傳遞製程用水回收的科學知識。

後所累積的心得，古秀華說：「如果公司內部要推動數位轉型，一定得智慧化管理，才能確保人、機、料三者能系統性地被追蹤，進而掌握數據，才能進一步找出改善機會點。」

古秀華分享，在龍潭廠轉型過渡期，曾遭遇缺水的窘境。當時為了降低營運中斷的風險，開始盤點全臺水源水庫、水井狀況，建立水情中心，了解各個水庫與友達光電之間的關係，弄清楚每天工廠需要多少水？水槽儲水量可以使用多少天？生產線該如何配置用水？是否要訂水車？哪個廠的水車可以北運支援等等。這些細節多如牛毛，若沒有數位化管理，很難做到。

友達光電臺中中科廠區，在 2020 年年底試行導入 ISO 46001 水資源效率管理系統，並在隔年取得全臺第一張 ISO 46001 認證證書。透過智慧化管理，將生產過程中產出的大數據資訊流，發展出視覺化水路圖資電子平台，管理人員可藉由平台數據分析，進行全程的用水審查，即時找到高耗水設備，從源頭開始節水。而這套系統也讓臺中中科廠區於 2018 年至 2021 年四年間，成功減少 27% 用水量。

不只水資源管理，友達光電還發展出智慧材料網，藉由裝設感測器，將關鍵參數上拋至監控中心，透過人工智慧及大數據運算，能建立最佳化運作模型，精準掌握原物料的消耗數據，避免不必要的浪費。

友達光電的智慧化創新改革，除了為公司內部管理帶來績效，也深受外界好評。2021 年友達光電臺中廠（Fab3）獲世界經濟論壇（World Economic Forum, WEF）評選為「全球燈塔工廠」（Global Lighthouse Network），目前全球僅有九十間的燈塔工廠，不但是領

先全球的智慧工廠，更代表了運用工業 4.0 技術（自動化、工業物聯網 IIoT、人工智慧、智慧聯網 AIoT、數位化、大數據分析、5G 等）表現優異的製造業。

## 攜手生產鏈夥伴，共創循環經濟

高耗水、耗電、耗土地資源是科技業擺脫不了的宿命。因此，友達光電思考從產品生命週期的角度，探索新技術的可能性，提高綠色競爭力。

早在十多年前，友達光電即以省資源、易回收、低污染的綠色包裝「複合式液晶面板半成品運送包裝」，獲頒環保署「2010 綠色包裝設計獎」。創新綠色包裝，讓包材減重 58%、體積減少 40%，貨櫃裝載率更躍升 100%。此外，以生物可分解材料（PLA）製作的承載盤，也有效降低材料棄置對環境造成的衝擊。

友達光電從設計販售、製程原料回收、廢棄物減量等面向著手，打造可循環的產品，從原生材料到製造過程中的減量、減碳、減廢開始做起，運用委員會中跨部門整合的力量，研發再生材料，並與供應鏈合作，降低再生材料的成本，提高市場性。

2020 年，友達光電攜手供應鏈與品牌客戶，推出第一支使用再生塑料製造的顯示器，獲得全球首張面板業 UL3600 循環係數（意即以產品的回收物含量與可回收性，以及工廠廢棄物處置狀況等資料，綜合評估企業的循環度）認證；2021 年採用回收玻璃基板，導入再生民生塑膠製品廢料（PCR）、回收玻璃及回收鋼材，打造出

首款環保筆電，相較上一支顯示產品，再生材料比例由 1% 提高至 9%。累計至 2022 年，友達光電已將再生材料導入 33 款產品。

　　友達光電也從源頭減少各類廢棄物產生、降低化學溶劑用量。以面板蝕刻製程為例，鋁酸蝕刻需仰賴「排除舊液」及「補給新液」維持穩定性，過去友達光電將舊液交由合作廠商清運、再次蒸餾處理，過程中耗費大量能源、產生碳排。2021 年，友達光電打造「鋁酸用量精準控制方案」，整體使用量相較 2019 年大幅下降 11%，成功讓鋁酸廢液清運量降至歷年最低。

　　友達光電后里廠還率先導入廢棄銅蝕刻液再利用，將蝕刻後的含銅廢液透過電解方式，製作出高純度的銅管，一年再生銅管的數量有 102 萬公噸，轉售收益達一千五百萬元，同時減少銅廢液量與清運所造成運輸碳排放，成功賦予廢棄物再生的價值。

　　透過一連串結合產品全生命週期導入的循環經濟，友達光電不

后里廠率先導入廢棄銅蝕刻液再利用，再生銅管並進行轉售。

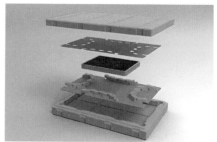

友達光電開發「共享式包材」，持續拓展資源循環共享理念。

但回應了聯合國永續發展目標中「責任消費與生產」，更設定以2017年為基準，要讓2025年的循環經濟效益達到135%的成長，持續精進與突破。

## 風險管理，防災演練落實基本功

接下友達光電永續長的職位後，古秀華的努力，讓她在2022年獲得第一屆「亞太頂尖永續長獎」以及中華民國企業經理協進會第四十屆「國家傑出經理獎」的肯定。她說：「很多人問我ESG要從何下手，我的回答是從公司治理開始；其中，風險管理尤為重要。企業要走向永續，必須儲備應變風險的能力，將風險衝擊降至最低。」

對製造業而言，最基本的就是工廠風險管控。

古秀華說，友達光電在2005年採取落實基本功（Back to Basics, B2B）心法的時候，即奠定公司的營運持續計畫（Business Continuity Plan, BCP），所以很早就成立了「緊急應變中心」（ERC），由環境安全單位主管負責安全文化的推動，從最基本的廠內緊急應變管理、員工職災、員工健康等，進行一系列管理。

「友達光電是臺中少數設有自動化、智慧化管理緊急應變中心的企業之一，」臺中市環保局表示，每次對友達光電進行無預警防災演練稽查時，都對其自主態度、積極找出新風險狀況以及迅速改正的做法，留下深刻印象。

「我們會審慎地逐一盤點風險，接著先在會議上沙盤推演各種情況，再進行現場模擬演練，藉由實際操作，驗證緊急應變處理的方

式，」古秀華分享，模擬演練的情境則是現場抽籤，進行當下才會知道是地震、火災，或是化學災害的狀況。

　　然而，防災演練做到精益求精還不夠，現在必須運用智能化、數位化的移防。例如在宿舍進行防災演練，面對現場大量員工點名，能夠採用更快速的方法操作；或者當化學災害發生時，可以透過空拍機進行觀測，甚至運用研發的機器人取代工作人員，進入危險熱區。至於平時的防護衣數量、保養日期，在緊急應變中心都有紀錄，當耗損低於安全數量時會有亮燈警示，透過手機或電腦一目

友達光電成立緊急應變中心，進行完善風險管控。

了然，更方便各廠區間量能互調。

　　唯有透過不斷練習，把緊急應變內化成反射動作，在災害來臨時才能從容應變、妥善處理，因此，友達光電非常重視災害防救演練，並且會在演練結束後檢討可能缺失，積極尋找出更優化的應變流程。同時，臺中后里廠也積極配合臺中市環保局辦理大型的毒災防救演練，透過各種情境模擬，檢視各項救災標準作業程序（SOP）的可行性，並與中部科學園區管理局、臺中市環保局、消防隊及聯防組織等各單位共同演練，驗證外部單位橫向聯繫及內部協調機制整合的流暢性，還會有毒化專家、學者現場指導，絕對不是懷著應付心態辦理演練項目。

## 重視人才，形塑企業文化

　　企業面臨的風險無所不在，面對各種挑戰，能持續執行公司策略的重要因素，即是組織文化。

　　2012 年，友達光電內外面臨公司虧損、美國反托拉斯法官司的挑戰；這正是內部重新思考「文化重塑」的時機。於是，從落實基本功開始，友達光電訂定五大任務：自主當責、走進現場、落實訓練、流程簡化、提升安全。先訓練主管成為文化大使，藉由同仁不斷的由下而上（bottom-up）、推動自主當責（accountability）文化。

　　「我們匍匐前進，慢慢堆疊形成公司文化。不問為何要做，而是為何不做？」古秀華說，這樣做的目的是希望員工不只是把分內工作做完，還能進一步幫助公司思考如何精進。友達光電內部有一個智

慧友達展的活動，藉由各單位展出年度成果，促進內部各單位相互觀摩與交流。

她分享，譬如製程優化方面，第一線同仁最清楚哪裡產生浪費、如何可以做得更好；甚至連人資部門都要想辦法導入智能化概念，優化工作任務，譬如以人臉辨識進行用餐管理、提出車牌辨識降低廠區車速、用電子圍籬管控團膳人員烹調過程等。

藉由舉辦智慧友達展，第一線員工也有機會拿起麥克風解說，甚至跨廠聯展分享，無形中增加了員工們提案表達的能力，而且聽眾不只有高階主管，也會邀請客戶、供應商、政府部門共同參與。

古秀華認為，人才是公司治理、風險管理中重要的一塊拼圖，為了鼓勵員工持續學習與發展，內部設立「友達大學」，依據專業核心能力發展與次世代人才培育需求，發展出不同主題學院：永續學院、未來學院、商務學院、領導力學院、理學院、工學院與通識教育學院，並成立教育訓練執行委員會。

## 環境教育與人文科技的結合

以永續學院來說，便是在第三代CSR永續委員會轉型時，為了建構員工永續與氣候行動知識技能所推動成立，如今學院規劃的播客（podcast）課程，閱聽率約一萬五千人，而且是友達光電全員的必訓課程，對於在內部達成永續發展共識十分有幫助。

在環境永續的議題上，從教育著手也是友達光電關注的另一個重點。

「友達是全臺唯一擁有兩處環境教育場所的科技業者，」古秀華驕傲地說。2014 年，中科廠區成為全臺首家取得環境教育場域認證的製造業者；2018 年，桃園龍潭廠以水資源教育館再取得認證。

位於中科廠區的友達光電 8.5 代廠，是 2009 年獲得美國綠色建築協會頒發「能源與環境設計先導」（LEED）金級認證的綠色環保廠房。之後，更善用閒置的廠房屋頂，建置森勁太陽能電廠，創造更大的綠色經濟效益。

森勁電廠也成為環境教育課程的據點之一，以節能綠建築、友善環境開發、再生能源利用等主題，融合節能減碳概念，設計出適合國小高年級學生的環境教育課程「達達的跨時空之旅」及「達達的大肚山奇幻旅程」，透過益智遊戲與實作競賽，生動有趣地帶出永續家園的觀念。

奠基中科廠區的環境教育經驗，友達光電在 2015 年與國立自然科學博物館合作第一代「達達的魔法樂園」，以科學魔法為主題，帶領孩童走進科普天地；2021 年，這座全臺最大光電原理學習基地再次升級，以擬真的四季美景搭配實境聲光音效，塑造出身歷其境

 **SDGs、ESG 實踐心法**

將 ESG 融入公司組織與企業文化，與時俱進，不斷轉型，創造超越企業社會責任的共享價值。

友達光電打造首間智慧永續商店 Space ∞，陳列各種符合永續概念的選物。

的「奇幻景觀窗」；還有呈現清晰筆觸的「神奇魔法畫」，畫中景致會隨觀賞者靠近而變化。以魔幻風格的動畫與裝置、擴增實境（AR）、擬真等技術打造的達達的魔法樂園，讓孩子沉浸在豐富感官數位體驗的同時，也能吸收光電與環境永續知識。

　　值得一提的是，除了中科廠區獲得認證外，友達光電的天津太陽能模組廠也同樣取得能源與環境設計先導金級認證，后里廠更獲得當時全球唯一的白金級認證。在美國綠色建築協會已認證的全球八座高科技廠房中，友達光電就占了三處，成績斐然。

友達光電也重視人文歷史，透過蘇州廠區以兩座跨塘穀倉為主體的「友緣居」、廈門廠區將近兩百年歷史的閩南村落「山頭村」，以及臺中「友達西大墩窯文化館」，打造文化教育場域。

## 保存文化，永續未來

友達西大墩窯文化館的成立，主因是 2003 年興建中科廠區時，在開挖過程中發現清末古窯「西大墩窯文化遺址」，後將遺址文物移地保存；2020 年，友達光電異地重建花博時期打造的「友達微美館」，文化遺址則在中科廠區蛻變成為沉穩低調的灰色建築文化館。

展館內分為「西大墩窯考古遺址」、「西大墩窯文化意義」及「友達企業理念」，結合西大墩窯出土的陶器文物，以動態圖文重現清代陶器生產過程，而考古過程則透過多媒體互動及實體教具，以生動方式呈現，讓民眾實際體驗考古工作。為了落實文化傳承，文化館在 2010 年與臺中市福科國中共同推動「福科走讀」活動，至今已有超過六千位學生參與，認識自己的家鄉、文化與產業。

友達光電從本業著手，減少生產過程中對環境造成的衝擊，進而積極投入永續環境技術開發、理念倡議，再到落實公司治理，與社區合作推動環境保育工作，善盡社會責任，從不同面向實踐 SDGs 指標，落實 ESG 理念。

對於友達光電來說，面對永續經營時，氣候議題必須正向面對，公司的風險管理則要持續檢視，同步推動數位轉型與多元人才培育，發展循環經濟商機，朝向更好的未來邁進。（文／林春旭、攝影／黃鼎翔）

正隆

# 低碳智紙，
# 打造全循環商業模式

造紙需要砍伐林木，為了珍惜大地資源、永續環境，不讓綠樹委屈倒下，正隆以回收廢紙造紙，轉廢為能，整合「產品」、「能源」、「水」與「農林」四大資源，低碳製紙，邁向產銷智能化紙業。

---

　　曾經看過這樣一段文字：當伐木的腳步踏向原始森林，鏈鋸之下，是樹的委屈，是樹的身不由己。有沒有想過，紙，在我們的生活中是什麼樣的存在？

　　根據台灣區造紙工業同業公會統計數據顯示，在臺灣，光是包裝用紙箱、印刷用紙以及衛生紙等一般用紙，每人每年大概用了 199.4 公斤的紙，排名世界第七，換算下來，國內約 2,300 萬人口，一年約使用 466.2 萬公噸的紙，占全球用量 1.1%。而且，這個數字還未包含因有防水需求而採用特別素材製造的紙餐具。

　　國人用紙數量之大，令人驚訝。

　　即使受到數位化影響，文化用紙持續下滑，但自 2020 年疫情開始，為了防疫，大家勤洗手，衛生紙類的清潔用紙用量大增；此外，無接觸消費的電子商務愈漸盛行，也增加了紙箱包裝用量。

由正隆總經理張清標（中）擔任企業永續委員會召集人，在公司推動低碳綠能、
智慧創新的 ESG 策略。

自喻為「全方位紙包裝服務」的正隆，業務範圍涵蓋生產工業用紙，銷售給紙器廠加工成包裝紙箱，也投入家庭生活用紙生產，衛生紙品牌包括春風和蒲公英。目前不僅是全臺最大的工紙和紙器公司，每兩個紙箱或四包衛生紙，其中之一就是由正隆生產，它也是全球排名第五十七大的紙業公司。

## 造紙，從永續自然資源出發

正隆生產量龐大，但地處森林禁伐的臺灣，如何尋求原料？正隆永續發展部經理陳靜宜說：「造紙業是一個極仰賴資源與能源的產業。造紙原料來自於樹木纖維，所以需要森林；製程技術與設備密集，所以少不了能源消耗；一張紙中除了纖維及礦物質、添加澱粉等非纖維物質之外，也少不了水，工業用紙裡大概含有8%～10%的水、民生用紙中如衛生紙也必須含水，否則容易乾掉、脆化。」

由此可見，從森林、能源到水，造紙業如此密集依靠資源，也不難想見正隆在經營上充滿難題與挑戰。

再從另一個角度思考，若造紙所使用最重要的原料全都來自砍伐森林，以全臺年使用466.2萬公噸的紙來計算，一年有多少樹木會因此倒下，讓人難以想像。

正因如此，正隆從1959年公司成立開始，生產的第一張紙就是由回收的廢紙再生後製成。正隆后里廠廠長吳輝棋提及那時的時空背景，臺灣屬於資源缺乏的國家，不能隨意砍伐森林，礙於資源拮据的情況，只能盡量從回收系統裡找尋原料，因此，便從板橋廠開

成立時間：1959 年

員工人數：約 3,690 人

董事長：鄭人銘

總經理：張清標

認養臺中市多處公園、國立公共資訊圖書館、后里區公所等公廁，

提供蒲公英環保衛生紙給市民使用

始投入廢紙再生的工作。

## 轉廢為能，回收紙再生

「其實，造紙業是典型的循環經濟行業，」正隆總經理張清標以后里廠為例，每天上班時間一到，以紗網蓋住大量回收廢紙的大型載運貨車就忙著進到回收紙處理廠，搬運車一趟又一趟地穿梭廠區，回收廢紙，準備進行分類、分選以及廢紙散漿作業。

一張張廢紙被送進類似果汁機功能的散漿機，打成再生紙漿，取代了原本紙張製程中需要的原生或進口紙漿，重生成一張張嶄新的可用紙，不僅減少資源浪費，也提升廢紙資源的回收價值。

根據台灣區造紙工業同業公會的統計數字顯示，臺灣平均每人每天至少使用四十張衛生紙，換算下來，全臺每天消耗的衛生紙高達 300 公噸，且數字尚在不斷成長中。另一項數據顯示，1 公噸的衛

生紙至少需要砍伐二十棵生長十年以上的樹木、耗費上萬公升的水才能製成，再加上臺灣人普遍習慣使用 100％原生紙漿的衛生紙，被消耗的天然資源可說是難以估計。

隨著積極投入廢紙再生，以及將紙升級為主力環保材料的技術研發，如今，除了家庭用紙因衛生考量不能回收之外，一般的工業包裝用紙，約可循環再生六至七次。

此外， 秉持不砍伐樹木、減少紙張廢棄物產生的前提下，正隆甚至在 2009 年推出使用 100％再生紙漿製造的蒲公英環保衛生紙，其不含重金屬、有害化學物質且可生物分解，進入水中只需二十秒就能分散成碎片的易溶性，更能幫助垃圾減量。目前正隆認養包括臺中市多處公園、國立公共資訊圖書館、后里區區公所在內等近百座公廁，即是使用蒲公英環保衛生紙，廣受市民好評。

## 減少碳排的最佳助攻

目前正隆每年大約使用逾 180 萬公噸廢紙，且超過三分之二回收自臺灣本土，試想，如此龐大的數量，如果沒有回到紙廠再生而是送到焚化爐燒毀，「以正隆回收的廢紙換算，大概可能需要十五座木柵焚化爐來處理，」陳靜宜說，焚燒產生的碳排數量之大，光想都令人頭痛。

此外，在回收廢紙篩選過程中，總會發現夾雜未妥善分類的膠帶、塑膠袋、寶特瓶等，張清標提到，過去這些雜物會被視為事業廢棄物委外處理丟棄，但隨著正隆持續精進技術，已能將這些可燃

廢棄物集中，並從中淬煉出固體再生燃料以取代煤炭，成為廠內鍋爐使用的燃料，也成為減少碳排放的一大助力。

　　幸好，正隆的回收紙利用率高達 93％，且每年持續增加中，成功發展成綠色迴圈，不僅創造紙業回收的循環經濟，也解決部分令人頭痛的垃圾問題，對環境保護做出貢獻，讓正隆的員工可以自豪地說：「我們是循環經濟的最佳代表。」

　　正隆創立至今已六十餘年，善用循環再生概念，積極推動、發展循環經濟，在綠能、減碳、回收再利用等方面不遺餘力。

正隆近年來積極投入廢紙再生，以及將紙升級為主力環保材料的技術研發。

張清標表示，正隆致力打造多贏的循環商業模式。

## 淨零製紙，導入數位智能創新

2019 年正隆慶祝六十週年時，更思考到 ESG 和 SDGs，當時制定了下一個六十年的 ESG 策略藍圖：聚焦「循環經濟、低碳綠能、智慧創新」三大發展主軸，推動走向「淨零智紙」。

「淨零」對正隆來說有兩層涵義：一是要致力達成「碳中和、零碳」願景，最終則希望把所有的資源做妥善運用，從零廢棄開始完成淨零目標；而「智紙」，則展現正隆將傳統工廠結合智能產銷與數位管理，在製程上由傳統製紙走向低碳製造，發展循環經濟綠色營運，將旗下各廠改造成環保的智慧再生工廠。

為了淨零轉型做準備，正隆也調整了組織，2021 年時，將早在 2013 年成立並負責永續策略目標制定與行動績效追蹤的企業社會責

任委員會（CSR 委員會）更名為「企業永續委員會」（ESG 委員會），聚焦ESG議題，由張清標擔任召集人，訂定了2050年碳中和的目標；委員會之下，還成立了氣候變遷暨循環經濟辦公室，以及公司治理、產業服務、環境永續、員工關懷、社會共融等六大面向共六個工作小組。

企業永續委員會推動的六大面向緊緊相扣，正隆的企業永續經營首要關鍵就是公司治理，循環經濟則是終極目標，即如何發揮回收紙再生的製造能量、有效整合資源，以及與可說是重要夥伴們的供應鏈共榮共好。

正隆也透過積極促進全球近萬名員工的發展，以及照顧公司廠區周邊的社區鄰居等，來落實社會企業責任，讓正隆不但是員工心目中的幸福企業，也是在地居民的好鄰居。

以此六大面向為主軸，正隆緊扣且落實聯合國永續發展目標，具體、務實地推動。「我們盤點利害關係人（stakeholders）關注的問題做問卷，針對問卷結果與委員會成員討論，訂下目標與行動方案」，張清標談到委員會提出的中、長程目標，每季、每半年、每一年進行檢討，以做為執行或調整參考。

## 再推 S.M.A.R.T 策略，ESG 藍圖更進一步

張清標以環境永續與社會共融面向為例，近年來正隆投入更多研發資源，提高「廢棄物資源化」的比例，成效超越預期，達到96%的目標。此外，在員工訓練時數的部分，2030 年每人訓練時數的目標

將提高到 48 小時，也是與時俱進、適時調整所獲得的成果。

正隆完善、全面的計畫及推動循環經濟的實績，也獲得多家金融機構的支持，因而在 2022 年年底總計簽署一百二十六億元的 ESG 聯貸計畫，這不但提供了正隆落實布局全循環藍圖、積極持續拓展海內外循環經濟據點、發展科學減碳及掌握零碳轉型商機所需的資金，其中也包含增設后里廠 120 公噸生質能鍋爐。

為了達成循環經濟、低碳綠能與智慧創新的 ESG 策略藍圖，正隆也提出了「推動 S.M.A.R.T 低碳智紙，打造多贏循環商業模式」、「四大科學減碳路徑邁向 2050 碳中和願景」、「秉持 3R 原則，開發多元低碳商品與服務」、「鏈結供應鏈與社會，打造再生永續生態系」、「打造幸福職場，培育全方位 ESG 人才」、「愛不紙息，多元管道實踐社會共融」等重要策略。

其中，在循環經濟面上，正隆持續推動「S.M.A.R.T 低碳智紙」五大策略。張清標說明：「S.M.A.R.T 的重要使命，就是打造多贏的循環商業模式。」

「S.M.A.R.T」中的 S 即 Subtraction is Addition，意指用最少的資源創造最大的價值，達到「資源減用」；M 為 Waste to Material，「轉廢為能」意指不只是讓廢紙之類的廢棄物資源化，更將轉廢觸角多方延伸，建造水處理廠讓水循環達到 96％；A 為 AI Leads in Digital Transformation，「產銷智能」意指導入人工智慧的智能產銷，結合數位管理，將傳統工廠改造為更環保的智慧再生工廠；R 為 Recycling Drives Circulation，「回收再生循環」即是持續擴大再生循環效益；最後的 T 則代表 Technologies Innovate Manufacture，

「先進製程」。五個字母各有重要涵義，也代表了整合產品、能源、水、農林四大資源全循環。

## 智能帶來永續，永續提高客戶滿意度

吳煇棋也舉了兩個例子，詮釋「S.M.A.R.T」中的M與A。他說，多數人會因為造紙過程需要用很多水而認為這是耗水產業，但對正隆人來說，造紙只是「借水」使用。「在正隆，每一滴水最多可以用到二十二次，水在製程中不斷循環利用到無法繼續使用時，才將它經過水處理後排放。製程中的水回收率可以達到96%以上。」而排放的廢水，經過厭氧處理工法，可產生具高熱值的綠色能源「沼氣」，並成為替代燃料。

此外，正隆在導入人工智慧、打造智慧再生工廠的部分，為后里廠引進「產銷智能化」計畫並推動十七項專案，逐步落實，目前已展現出節能減碳、效率提升、品質優化的成績，客戶滿意度也因此逐年提高。「1959年生產第一張紙時，回收紙的產出品質與使用率都不是非常好，」吳煇棋說，「如今，隨著導入智能化，先進製程

---

 **SDGs、ESG 實踐心法**

積極投入廢止再生，從「近零」製紙邁向「淨零」智紙。

---

快速精進，效率及品質都大幅提升。」這正顯示出為了提高產品品質與減碳，正隆從不吝於導入新設備的魄力。

## 科學減碳，邁向 2050 淨零碳排願景

為了達成 2050 年全球共同的碳中和願景，正隆 ESG 策略中藍圖提出四大科學減碳路徑。

為善用各廠區地理特性，正隆自 2003 年，因應竹北廠靠海、風勢強勁的自然環境條件，著手打造亞洲最大的風力發電機組，超前部署發展綠電。2011 年則在陽光充足的后里廠建置太陽光電，2019 年在臺中轉運倉加裝太陽光電。竹北廠風力發電設備更於 2017 年獲得國家再生能源憑證中心的認證，成為全國第一家取得再生能源憑證的紙業，2017 年到 2022 年累積 11,917 張憑證、約為 3,310 戶家庭整年用電量（以台電公布近十年每戶家庭平均月用電量 300 度為計算基準）。2022 年，又陸續完成后里廠 10 號機廠房屋頂的太陽光電，提高綠電輸出。

這期間，正隆也發現，許多碳排的產生源自於生產流程，因此領先業界，2013 年由經濟部輔導后里廠積極導入 ISO 50001 能源管理系統，施行後獲得顯著績效，成為中小企業投入減碳管理的示範廠。而正隆全台工廠，也於 2015 年全數導入這個系統。

為了提升能源使用效率，正隆亦持續投入節能與智慧製造，透過生質熱電系統，深化循環經濟低碳燃料。吳輝棋表示：「廠內將採用廢水厭氧處理系統，厭氧系統較目前使用的耗氧系統節能且有效

為了達成 2050 年全球共同的碳中和願景，正隆提出科學減碳路徑，以實踐永續資源與環境的承諾。

正隆導入人工智慧、打造智慧再生工廠，逐步落實節能減碳目標。

率，產生的污泥量也相對較少；在廢水處理過程中，還能產生具高熱值的沼氣。」

張清標補充，沼氣經純化處理後可以用來發電，也就是典型的綠能，而且沼氣為密閉能源，完全沒有廢棄物。正隆大園廠沼氣發電系統於 2022 年 5 月啟用後，最高可產生 1,900 萬度的綠電，相當於 5,300 家戶的年用電量，換算成年減碳量為 1 萬 5,500 公噸。后里廠也已經開啟了沼氣發電的建置，預計 2024 年年底啟用。

不同於太陽光電跟風電受限於自然條件，有間歇性，沼氣隨著

工廠二十四小時運轉,可以不停息地發電。沼氣發電建置轉廢為能、減碳排放又可友善環境,還有機會與外部合作拓展厭氧菌再利用範圍,又是另一個正隆可引以為傲的轉廢為能再生循環模式。

吳輝棋進一步表示,響應政府節能減碳政策以及因應臺中市政府推動無煤城市,繼竹北廠建置的高效能生質熱電系統正如火如荼試驗之際,后里廠也啟動生質熱電系統投資案,預計 2026 年完工後,120 公噸生質能鍋爐將取代目前 30 公噸和 65 公噸的煤炭鍋爐,生質能、廢棄木材、污泥、固體再生燃料皆可燃燒,預估一年可減少排放 8 萬公噸的二氧化碳,也就是 207 座大安森林公園碳排的吸附量,對環境來說是非常重要的工程,讓人引領期盼。

## 3R PLUS,永續資源全循環

正隆的永續發展作為從廠區擴展到周圍社區、大自然、生態環境,除了關注與造紙密切相關的產品、能源與水等三大資源全循環之外,還成立農林資材資源化小組,納入了生質燃料、菌類培養、精油萃取等的農林循環,形成 3R PLUS 永續資源全循環,藉由提高植物纖維再利用、生物材的高值化應用,與投入以自然為本(Nature based Solutions, NbS)的農林碳匯,希望能逐步踏實地推動國內農林資材的生態系。

事實上,種樹成林,樹木可以吸收二氧化碳,森林就是很好的碳匯。因此正隆在資源永續循環中,加進與造紙業息息相關的農林剩餘資材、農林循環。

張清標表示，考量到森林在永續循環的角色，在廠方植樹之前，選擇可製作家具，或可以萃取成分製作自然添加劑、沐浴用品等副產品，擁有經濟價值的樹種；有些木材、邊材，可以做為蕈菇類的培養劑。這些產品在生產過程中所產生的廢棄物，也能彙集起來，有機會做成生質燃料。

至於在廠外與周圍社區，后里廠協助臺中市政府處理行道樹，除了整潔市容外，整修行道樹的樹枝、落葉，也可以拿來做碳中和的生質燃料。

在因應氣候變遷而進行碳排減量、推動ESG的過程中，正隆希望透過3R PLUS等四個循環，做到最佳循環應用，這也是正隆在推動循環經濟時，企業得以永續發展的方式。

回到產品面與客戶服務的部分，在3R循環原則下，正隆致力創新研發多元低碳的綠色永續商品跟服務。例如：開發包裝紙盒一體成形去塑紙提把的設計，達到去塑、環保功能，且全紙材可回收，達到減碳效果；為了協助農民用於宅配生鮮蔬果的包裝能延長保鮮期限，正隆化研中心研發出ECO保鮮紙箱，保鮮期增加一倍長達七天，可避免蔬果腐爛、食物浪費，幫助農民提高經濟效益，並且100%可回收與分解。

**對環境更友善，持續承諾永續作為**

不僅在本業中精進技術，實踐永續資源與環境的承諾，正隆也十分重視導入國際認證，與時俱進地獲取國際淨零碳排的最新資

訊。例如：2004 年導入組織溫室氣體盤查；2005 年取得全球第一張ISO 14064-1 溫室氣體盤查證書，啟動全臺生產線的減排管理政策，開始執行碳盤查與管理；2008 年，更成為國內首家取得國際自願性減碳認證（VCS）的公司，提早布局碳權經營。

到了 2010 年，正隆也取得臺灣第一張家紙產品碳足跡標章，讓民眾認識到生產這一張紙或產品需要產生多少碳排放量。此外，正隆也響應「氣候相關財務揭露」（TCFD）倡議，成為全臺首家通過氣候相關財務揭露查核且獲得最高評級認證的紙業公司。2022 年，更因低碳製造等對環境友善，在加拿大媒體暨投資研究公司企業騎士（Corporate Knights）評鑑下，獲得國際肯定，評選為全臺唯二、全球前兩百大潔淨企業之一。

2023 年，正隆不但自己做，更向外推廣串聯行動，正式與供應商、下游紙箱客戶等二十家產業合作，共同推動減碳；此外，也持續透過供應商大會的舉行，實地確認永續環境作為，也彼此分享更多知識，期待產業鏈共同成長，形成完整的永續生態系。（文／翁瑞祐、攝影／胡景南）

## 拓凱實業
# 一支碳纖球拍，
# 開啟穩健的永續之路

從一支碳纖維網球拍發展到飛機上的碳纖維座椅，拓凱實業憑藉自主研發、精益求精的複合材料配方技術，不只拿下五個世界第一，也一步步朝向環保永續之路前進。

---

　　或許很難想像，臺中市南屯工業區一般辦公大樓裡是全球第一大碳纖維網球拍製造代工廠商拓凱實業的營運基地。世界十大網球拍品牌中有六家是拓凱實業的客戶，所生產的高階碳纖維網球拍年產量達 130 萬支，平均每四支球拍就有一支出自拓凱實業，網壇天王拉斐爾·納達爾（Rafael Nadal）即是使用他們製作的網球拍。

### 五個世界第一紀錄

　　1980 年，拓凱實業最早以「拓誼」（Topway）商標在臺中豐原生產碳纖維網球拍，當時只有十五位員工，如今臺灣員工已超過三百名，並在中國大陸與越南設有子公司及生產基地，全球員工超過七千五百人。

拓凱實業董事長沈文振（右三）認為，提供優良的產品也是一種企業社會責任，
像是網球拍及自行車車架，有助於民眾享受健康的生活方式。

拓凱實業成立四十三年來，不只以碳纖維網球拍拿下世界第一，每年生產近 30 萬台的碳纖維車架，市占率達全球 25％至 30％，同樣是世界第一，而數度國際環法自行車賽冠軍選手所騎的自行車碳纖維車架也出自拓凱實業。此外，多次獲得世界摩托車錦標賽世界冠軍的瓦倫蒂諾‧羅西（Valentino Rossi）頭上戴的賽車級複材安全帽，也是由拓凱實業製造，年產130萬頂，同樣世界第一。

　　長期專注於複合材料領域的研發與應用，拓凱實業更把產品觸角從運動休閒推展到健康醫療和航空設備等。其所製造的斷層掃描

拓凱實業研發碳纖維自行車車架，減少製程中產出的二氧化碳。

成立時間：1980 年

員工人數：約 7,500 人

董事長：沈文振

總經理：沈貝倪

發起臺中市企業志工活動，建立企業與社福團體之間的媒合平台

醫療床板，囊括全球 60%以上產量，與國際大廠奇異、西門子、飛利浦、東芝密切合作；甚至連飛機製造商空中巴士、波音等商用客機的商務艙，以及經濟艙的碳纖維椅背及配件，有 35%以上是由拓凱實業生產，是第四個和第五個世界第一。

## 從產品製造開始落實 ESG

拓凱實業董事長沈文振表示，站在公司生產的角度來看，提供優良的產品也是一種企業社會責任。像是網球拍及自行車車架，有助於民眾享受健康的生活方式，而賽車等級的安全帽，可守護機車族的行車安全；此外，醫療用床板則可提高手術精準度。

為了符合航空內裝的嚴苛要求，拓凱實業研發出具有防燃無煙、無毒、低熱釋放特性的樹脂配方，若不幸遇上機艙起火，以碳纖維為材料的飛機座椅不會引起燃燒、不會起煙，甚至不會有過大的熱釋放而造成機艙溫度升高、產生毒性物質，能夠為民眾的飛行

安全提供保障。若從碳排角度來看，碳纖維「比鋼強、比鋁輕」，比重比鋁合金低，但強度卻是鐵的十倍。飛機座椅從鋁合金改成碳纖維座椅，不只提升安全，也能減少 10%的飛機重量，進而減少燃油消耗與碳排；碳纖維又有足夠強度且耐疲勞等特點，比起容易金屬疲勞的鋁合金，使用年限較久，因此飛機維修成本也能降低，製程中的二氧化碳產出也會比較少。

## 自主研發核心配方

1995 年，拓凱實業併購美國航太工業複材專業工廠NTP（後改名為Composite Solutions Corp），自此進入航空界品質系統以及相關認證系統。踏進航太產業，公司體質也有了大轉變。

當時，公司技術、品質系統有了往上升級的機會，並以此為基礎，將碳纖維複材原料配方搭配不同材料屬性進行研究，延伸運用在安全帽、自行車、醫療產品。

拓凱實業面對的客戶都是國際大廠，為了符合客戶要求，必須送試樣到實驗室檢驗，還得經過材料配方、製程等各項認證，沈文振說：「就是要一關一關去闖，才能拿到證書。」

之所以如此大費周章，沈文振說：「因為醫療或航空的複合材料市場，一般人進入門檻很高，如果一開始就依賴其他專業廠商提供材料，再自行加工，關鍵技術依舊受控於他人。」

但樹脂配方一直是拓凱實業的核心技術，依據自行研發的配方，再按照不同產品屬性與需求，如網球拍、安全帽、自行車、醫

從碳纖維網球拍到自行車車架,拓凱實業憑研發和技術創下許多世界第一。

拓凱實業著重在複合材料領域的研發與應用,產品範圍從運動休閒、健康醫療到航空設備都有。

療用品或是航太工業複材等,配出不同樹脂比例,唯有堅持如此,才能真正掌握致勝關鍵。

## 減少環境有害溶劑

優化材料配方不只強化公司競爭力,也為環境保護盡一份力。

二十多年前的傳統工法中,所採用的溶劑型樹脂會加入大量化學溶劑,導致揮發性有機化合物(volatile organic compounds, VOCs)的排放,造成環境污染和生態破壞。

沈文振說,早期製程設備十分粗糙,即使知道市面上有較為環保的做法,但礙於公司成立初期資金有限,根本買不起高價設備及配方。「只能一個階段一個階段慢慢突破,研發材料配方,改善設備性能,最後更換全線製程,」他說,如今全球環保意識提升,有些

業者必須對外採購符合環保規範的現成材料，但拓凱實業有自製能力，調配出來的配方也符合工業安全，這才是其競爭力所在。

拓凱實業所發展的技術，是將熱固型樹脂加熱到一個溫度即可融化，不需再使用化學溶劑去溶解。以一年要使用 800 公噸碳紗為例，改變材料配方後，就能減少近 300 公噸的化學溶劑使用量，降低化學成分溶劑對現場員工的健康傷害，對改善環境也有極大助益，符合環境保護、社會責任的 ESG 目標。

## 改良製程，善用工業廢料

拓凱實業也透過製程改善，降低生產消耗，提升生產效率。

所謂碳纖維複合材料，是以樹脂為基材，把碳纖維「黏住並固定」，加工形成內含纖維狀物的新材料。熱固型樹脂配方有其固化條件，必須搭配硬化劑、促進劑，調配出適當而穩定的液體濃度，才能黏住纖維紗，加工出來的成品才會符合所需要的剛性強度。

而樹脂與碳紗融合為液體、準備成型時，必須妥善控制溫度及壓力等條件，才能均勻成型，不會產生氣孔。「目前我們能掌握樹脂配方，但如何降低固化反應率，減少製程中所產生的能源消耗，需要經過多次測試才能導入生產現場，」沈文振舉例，就像小時候媽媽炊粿，粿漿調合後放入蒸籠定型，要往蒸籠放多少水（水蒸氣壓力）、調整到什麼溫度（升溫曲線），如果沒有控制好，蒸氣凝結成水，粿就發不起來、也不漂亮。過去，樹脂固化要用溫度 150 度、三十分鐘的加熱工程，最近拓凱實業的研發工程算是有了突破，可

以降低固化溫度到 120 度，同時減少固化時間為十五分鐘，所需加熱條件大幅下降，省下來的能耗十分可觀。

除了改善製程，拓凱實業對於廠內用水、用電、廢料、工時，都有設定減量目標，沈文振說：「拓凱是一個持續改善的公司，自治管理的落實度相對高，主管對於 ESG 議題也是持續注意。」

## 發展綠色產品，回收再利用

2022 年，沈文振出席拓凱實業中科后里園區新廠的上梁典禮，這座斥資美金一億元的中科后里新廠，未來將成為拓凱實業營運暨研發總部，也是新創產品的育成基地，擴增碳纖維複材多元應用及再造，也結合環保目標持續發展綠色產品。

一般來說，使用熱固型複材製作產品，固化後不易回收再利用，而具有可回收、多樣化加工成型、重複再利用等優點的熱塑型複材，雖然符合環保趨勢，但加溫到 150 ～ 200 度會軟化，鋼性比熱固型低，只能運用在不需要強度及硬度需求的物件上。

以拓凱實業目前產品線來看，多為性能導向，對於硬度及強度要求很高，譬如碳纖維自行車車架，重量只有 600 公克，但鋼性優異，是熱塑型複材達不到的境界。不過，面對循環經濟時代的來臨，拓凱實業也必須提早準備，從材料源頭及產品製造設計開始，考量產品生命週期，尋找各種環保方案。

早在前幾年，拓凱實業就投資研發熱塑型複材的應用，目前技術已有突破，可運用在筆電板材上。未來中科后里新廠完工後，將

拓凱教育基金會每年舉辦「大臺中企業志工日」，號召企業加入公益行列。

投入熱塑型產品的生產。至於熱固型產品回收技術，也有其他業者嘗試成功，沈文振發現，在 2023 年臺北國際自行車展覽中，就有廠商試圖溶解固化樹脂，回收再利用其中的纖維。

沈文振感性地說：「證嚴法師強調，我們不只要珍惜生命，同時也要珍惜物命，她曾以缺了一小角的碗來比喻，把它丟掉很可惜，如果轉個面來看，這個碗依舊完好，百分之九十的功能還存在，價值也在。」他認為，「製造業如果不加強這種觀念，各方面的耗料十分可怕，就像老一輩長者的教誨：不會賺錢之前要先學省錢，物

品取之不易。」減少工業浪費，重複使用工業廢料，無法重複使用就想辦法創造新價值，這些觀念也內化為拓凱實業的企業文化。

譬如，2015 年拓凱實業廈門辦公大樓剛啟用，需要購買辦公椅，同個時期，工廠內部也思考如何減少或處理邊角料問題，即使無法減少，是否可以回收再利用，產生新價值。最後決定，將工廠累積多時的邊角料製成碳纖椅，省錢又兼顧環保，一舉兩得。

**一呼百應，建立志工平台**

基於企業「取之於社會、用之於社會」，拓凱實業 2007 年成立「小太陽志工社」、2010 年成立「財團法人拓凱教育基金會」，以「推展企業社會責任教育」、「媒體素養教育」及「青少年全人教育」做為三大業務主軸，讓慈善公益永續發展。

沈文振表示：「我覺得愈優質的企業，愈應該為社會服務，讓員工成為志工，推動『員工變股東、股東變志工』的理念，不僅以股票做為鼓勵員工的獎金，也希望員工及股東學習服務精神，成為社

 **SDGs、ESG 實踐心法**

提升自主研發競爭力，致力提供有益於民眾健康生活與永續環境的優良產品。

沈文振表示，優質的企業必須為社會
服務，因此鼓勵員工和股東成為志工。

會志工。」拓凱教育基金會執行長陳敬達補充：「拓凱是臺中市企業
志工的發起人，負責建立企業與社福團體之間的媒合平台，目前在
臺中已有三十家中小企業加入，由拓凱協助進行志工訓練及志工隊
的運作，並與臺中市需要幫助的社福團體聯繫，藉由平台為雙方媒
合。」包括社區關懷據點服務、弱勢家庭環境改善、食物銀行物資發
放，各類型的社會公益都需要大家一起參與，相互帶動，才能將善
的力量發揮加乘效果。

　　因此，每年拓凱教育基金會舉辦的「大臺中企業志工日」大會

師，人數都是上千人，甚至獲頒 2013 年臺中市最佳企業志工團隊「優等獎」。至今累積十多年的服務成果，超過三萬三千小時企業志工服務時數，是大臺中社會福利與公益慈善的重要力量。

而拓凱實業內部的小太陽志工社，每次活動也都能號召近兩、三百人參與，成為企業文化的一部分。由於公司鼓勵員工參與公益活動，還特別提供每年額外兩天的志工假。

沈文振認為，年輕人平日工作，假日需要休息，如何做志工？因此，員工可以利用這兩天的志工假，平日做志工；喜歡假日服務的員工，則可另外申請兩天志工特休假。「我們發現，這種做法能帶動公司內部投入公益服務的氛圍，經營志工隊也更加得心應手，許多企業如今也跟進，」陳敬達說。

## 實踐企業社會責任

此外，拓凱實業也長年關注教育發展。有鑑於理科學生擁有許多科展及比賽機會，相較之下，人文科系學生便少了發揮的舞台。因此，每一年拓凱實業都會舉辦「全國青少年高峰論壇」，徵求提案，讓青少年對周邊環境及人事物產生關懷，每年都可募集到三、四百件精采提案，入選者再由基金會提供資源以付諸實踐。

從自身產品出發，投入研發資源，建立綠色生產循環；透過平台建立，為企業及社會搭建公益橋梁，傳遞善念與正面力量，實踐企業社會責任教育的目標，拓凱實業在落實 ESG 這條路上，穩健踏實地持續前行。（文／林春旭、攝影／胡景南）

## 台灣美光

# 資源運用最大化，
# 架構綠色未來

DRAM 與 NAND Flash 大廠台灣美光，以永續經營為目標建構 A3 綠色廠房，立下 2030 年前製程設施直接溫室氣體排放量較 2020 年減少 42% 的承諾，為打造永續未來盡一份心力。

2020 年下半年，台灣美光的嶄新建築 A3 廠，在臺中市后里區拔地而起。

這座斥資上千億元打造的 A3 新廠，與既有 A1 廠、A2 廠同樣位於台灣美光臺中廠區內，建造目的是增加無塵室空間與技術升級，促進先進製程節點技術轉移、完善產業鏈，應用最先進的製程技術，打造更多「Made in Taiwan」的 DRAM 產品，應用於 5G 手機、汽車等市場的重大任務。

A3 廠也是台灣美光首座以永續發展設計理念打造的綠色廠房，周圍偌大的公園內則遍植六百多棵樹，以及四季不同花卉，建築本體外觀約 30% 面積為翠綠植物組成的植生牆覆蓋，「很多人誤以為這些是塑料假樹，」台灣美光前段製造副總裁鍾聯彬笑著說：「A3 廠以后里區的山林水田為設計概念，植生牆都是有生命的。」

台灣美光榮獲「卓越職場®」頒發的「2022 年台灣最佳職場™」獎項。

植生牆能夠為廠區增添色彩，也可以調節建築溫度、阻擋噪音，讓員工們甚或在地居民同享綠意視野。屋頂設置了雨水收集設施，用於植生牆澆灌等多項用途，是台灣美光致力永續水資源的體現之一。

台灣美光勤於耕耘環境永續領域的成績斐然，A3廠更獲得多個國際獎項。

鍾聯彬說：「A3廠獲得美國綠建築協會LEED金級認證，同廠區的A1與A2在設施改善後，也獲得美國綠建築的肯定。」A3廠同

台灣美光臺中廠區的A3廠，建築外觀被「植生牆」覆蓋，可調節溫度、阻擋噪音。

成立時間：1994 年

員工人數：約 10,000 人

董事長：盧東暉

舉辦「臺中海岸天然林復育行動」，進行生態造林，
並成立臺中市首支結合在地企業的水環境巡守隊

時也獲得臺灣的綠色建築組織認證（EEWH），以及國際健康建築學院認證（WELL）。

鍾聯彬特別提到國際健康建築學院認證，是第一個以建築中的人員衛生和健康為核心的設計標準，肯定台灣美光打造同時兼具生態、節能與健康工作環境的用心。

## 環境管理構面 1：呼應《巴黎協定》碳排減量

美光是一家以記憶體和提供儲存解決方案為主力產品的跨國企業，而台灣美光主要業務則是採用尖端科技生產 DRAM，提供伺服器、個人電腦、GPU、手機、高效能運算及其他領域使用。運用智慧製造，加速創新來改善產品的品質及效率。

由於是科技大廠，台灣美光格外重視 ESG 中的環境面向，並從溫室氣體排放減量、節能、水資源管理和廢棄物管理四大構面具體落實。

以溫室氣體排放減量來說，台灣美光在製程中盡可能降低污染及能源消耗，包括投資先進的碳減排系統、優先使用對全球暖化影響較低的氣體、採購節能設備，透過採購再生能源以取代石化燃料等等。

目前除了 A3 新廠之外，台灣美光在研發及生產皆採取以低碳排係數取代高碳排係數原物料，從源頭進行碳排有效管控；對於無法取代的高碳排化學品，則裝設符合聯合國氣候變遷專門委員會（IPCC）定義的本地碳排尾氣消減設施（local abatement systems）來降低總碳排量。鍾聯彬說明：「溫室效應的氣體可藉由這套設施先處理後再排放出去，處理效率超過 90%。」

目前，台灣美光各廠都裝設了本地碳排尾氣消減設施，根據公司內部 2022 年財報中顯示，當年度減低的碳排放量相當於 378 座大安森林公園一整年的碳吸附量，成效頗高。

台灣美光前段製造副總裁鍾聯彬表示，公司積極參與在地活動，希望能為永續發展有所貢獻。

台灣美光採用最先進的製程技術，打造更多「Made in Taiwan」的產品。

此外，台灣美光的員工積極響應造林減碳活動，參與森林及環境資源復育。譬如認養臺中市清水區高北段造林地，與林務局東勢林區管理處聯合，種下苦楝、稜果榕、黃槿、水黃皮及楨楠等 2,360 棵具有高碳匯量及水土保持功能的原生樹種。

2023 年，台灣美光再度攜手東勢林管處和臺灣山林復育協會，在臺中市大安區南埔溪口海岸舉辦為期八週的「臺中海岸天然林復育行動」。

這項活動是指依生態造林方式，種下四十多種臺中原生海岸樹種，參與的員工紛紛表示，能造林減碳是一件很有意義的事。鍾聯彬希望藉由這類活動，發揮台灣美光的影響力，讓社會上更多人一起參與。

## 環境管理構面 2：節能並尋找替代能源

眾所周知，半導體產業是用電大戶，因此台灣美光在積極節能的同時，更加碼尋找替代能源。

2022 年 7 月，台灣美光和雲豹能源旗下子公司天能綠電宣布，簽署了七年 5 億度的綠電採購合約，預計每年採購 7,400 萬度綠電，與現有電網的電力相比，相當於每年可減少 3 萬 7,148 公噸碳排放。

這次採購案的供電案場位於臺南北門漁電共生案場，是目前臺灣最大的漁電共生案，也是美光在臺灣的首宗企業購電協議。漁電共生結合養殖漁業與太陽能系統，在不影響養殖經營的前提下，於塭堤上建置太陽能板，白天藉由太陽光發電，可為魚塭遮光降溫，

還能發展綠能，目前此案場所產出的綠電主要供給臺中廠之用。

鍾聯彬則表示，包括 A3 廠屋頂太陽能板年產 62 萬度綠電在內的節能設計，已能讓廠區每年節電 9,000 萬度，相當於 2 萬 5,685 個臺灣家庭全年用電量。可是依據台灣美光目前的營運規模，若想達到 2050 年淨零排放目標，還需採購更多綠電，因此，在尋找綠電的同時，臺灣美光也逐步汰換 A3 廠以外廠區內的高耗能設備，更換為低耗能設備。

## 環境管理構面 3：珍惜水資源，回收再利用

水是半導體產業另一項不可或缺的關鍵資源。但臺灣容易缺水，尤其近兩、三年來，旱象頻繁。鍾聯彬說：「我們或許無法改變上天，但可以改變自己的行動。」因此，台灣美光透過減少水的使用量、提高水循環效率、承諾水回收及再利用比率，希望 2030 年底能達到 75％的階段性目標。

而 A3 廠啟用後，總用水量的 75％可回收且重複使用，一年約省下 1,630 萬立方公尺的水，足以填滿 6,500 個奧運級泳池。而廠內有座魚池，以再生水飼養魚，魚池內水清魚肥，為廢水經處理後可再利用做了良好示範。

后里廠還在臺中市環保局的媒合下，與后里里辦公室合作成立后里里美光河川巡守隊，巡守維護后里旱溝，成為臺中市第一支結合在地企業成立的水環境巡守隊，也是后里區首支水環境巡守隊。

「台灣美光在倡導環保相關政策時，也希望能為在地與永續發

台灣美光與東勢林區管理處、臺灣山林復育協會合作，舉辦「臺中海岸天然林復育行動」。

展有所貢獻，」鍾聯彬說，「河川巡守隊的同仁們會協助進行巡檢、水質監測、淨溪活動。夜間與假日，則不定時巡查中科園區內雨水溝，防範偷排案件。」台灣美光不定期也會舉辦水環境闖關活動，分享「親水、愛水、護水」觀念，讓更多人增進對環境、河川守護的知識，共同守護水環境。

在水資源保育方面，台灣美光在 2015 年加入桃園南崁溪認養計畫。南崁溪的污水量曾於 2016 年居全臺之冠，鍾聯彬說：「當時的同仁們自發性為南崁溪進行水質的檢測和氨氮削減淨化水質。」此舉

台灣美光成立河川巡守隊，用實際行動支持環境保育。

還獲得桃園市政府頒發認養南崁溪河川特優獎的肯定。

2021 年桃園廠成立河川巡守隊，負責華亞科技園區南崁溪上游段，除了沿岸撿拾垃圾、污染通報、進行水質檢測外，也辦理環境教育、參與政府環境活動，透過實質性的服務回饋社區。

「台灣美光還與水利署合作，協助石門水庫清淤工作，促進水庫『回春』，」鍾聯彬提到，石門水庫是台灣美光桃園廠的主要水源，因為看到在地農民對水資源的需求，台灣美光協助清淤，提高儲水量，回饋在地，也有助於企業永續經營。

### 環境管理構面 4：建立廢棄物提存

從廢棄物管理面向來看，2022 年，台灣美光導入有機廢棄物提濃系統，藉此可將生產過程中所產生的廢棄物濃度提升到一定標準，再銷售給下游廠商，達到循環再利用，延長廢棄物的壽命，不造成任何浪費。

台灣美光也透過制度、環保意識講座、永續活動等，將永續意

 **SDGs、ESG 實踐心法**

採購節能設備、尋找替代能源、資源回收利用、建立廢棄物提存系統，多面向實踐永續環境理念。

識深植員工心中，譬如推廣不使用一次性塑膠產品、停售瓶裝水。員工餐廳則以綠色餐廳認證三大目標「源頭減量、在地食材、惜食點餐」為理念，不提供一次性免洗餐具、採購在地食材、推行惜食點餐避免浪費，以真實行動落實環境永續。

另外，在落實社會責任上，台灣美光每年都提出多元、平等與共融（Diversity, Equity & Inclusion, DEI）的報告書，持續實踐六大承諾，包含落實團隊成員多元化、推動薪酬及福利平等、加強共融文化、提倡性別和LGBTQ+與種族平權、聯合多元化的金融機構進行現金管理，以及增加多元化供應商的代表性和支出。

## 營造多元文化環境

以加強共融文化為例，台灣美光鼓勵全球員工成立、領導及參與員工資源團體（employee resource group, ERG），譬如針對身心障礙族群成立「Capable」，讓他們也有發聲機會；「MOSAIC」則是由外籍同事組成，在台灣美光多元文化的環境裡，可以認識來自世界各國的半導體人才，以及不同國家、不同部門的同事。

台灣美光也致力於推動職場性別友善文化，以同理共情落實平權，除了定期舉辦講座，帶領同仁認識多元族群外，透過實際參與同志遊行，以行動力挺每個人的「不同」，讓LGBTQ+族群得以在工作場域中實現自我。

鍾聯彬特別提到台灣美光首個成立的資源團體「女性領導力學會」（Micron Women's Leadership Network, MWLN），是為了鼓

勵科技女力勇於發揮潛能而成立。

他觀察：「每個資源團體的成員們都非常有熱忱，參加活動時總能看見同仁們臉上閃耀著光芒，可以真切感受到大家對彼此的支持，令人動容。」

至於公司治理方面，鍾聯彬分享：「台灣美光重視員工身心健康，尊重並賦權員工。」他希望員工正面看待工作壓力，並尋求抒發管道，譬如參與志工活動，是科技人在忙碌生活中，維持身心平衡，進而發揮影響力的好方法。

譬如，有同仁與造林團體合作，推動造林活動，或者發揮科技人專業，協助小型圖書館將藏書做成 E-book，鍾聯彬觀察：「我曾經在新加坡、日本的美光分公司服務過，如今來到臺灣，發現美光人都十分有服務熱忱，樂於參與志工活動。」

在社區及對外關係上，台灣美光與臺中市環保局共同簽署認養后里環保公園、北屯原住民公園和大安區的海岸線一千公尺協議，並獲得「臺中市空氣品質淨化區認養單位評比特優」獎項鼓勵。台灣美光積極推動「低污染、節能、可回收」的綠色採購政策，也獲得臺中市政府「綠色採購績優企業」獎項。

誠如台灣美光的核心理念「承諾為每一個人建構一個永續的未來」，未來也將持續以負責任的態度和有智慧的方式行動，優先執行與人們、社群和地球息息相關的社會及環境事項，實現長遠的永續發展。（文／翁瑞祐、攝影／胡景南）

## 星漾商旅

# 打造環保住宿，
# 開創綠色時尚

旅行雖能療癒身心，但卻是一種對環境造成莫大負擔的活動，意識
到環境保護的重要，臺中星漾商旅將永續概念納入經營策略，打造
環保旅館，讓旅人在享受度假的同時，也能一起珍愛環境。

　　位在臺中市一中商圈的星漾商旅，緊鄰錦南街，門前就有公車
站牌，除了通往臺中車站，國光客運和高鐵免費接駁車也在此停
靠，將近五十條公車路線，讓旅客悠遊臺中十分便利，成為星漾商
旅獲得好評價的原因之一。

　　星漾商旅獲得青睞的原因不僅如此，翻看留言版，有人說住宿
還可以看畫展，很有氣質；有人覺得房內提供優質沐浴用品，**CP** 值
高；有人反映空氣溫度調節適當、服務人員禮貌又貼心。這些都是
星漾商旅身為環保旅館且落實 **ESG** 與 **SDGs** 的具體展現。

　　1995 年，成功大學土木工程學系畢業的臺中星漾商旅董事長陳
盈瑞，退伍後碰上營建業景氣跌落，工作前景未卜。當時，聽到父
親的朋友在桃園市建造的旅館進行到一半，遭遇困境而停擺，雖然
他對旅館業一竅不通，但心想既然自己有土木背景，家人、師長也

時任行政院環保署副署長沈志修（左）頒發銀級環保標章旅館獎牌給星漾商旅董事長陳盈瑞（右），肯定其對於環保、低碳的推行與用心。

支持，決定接手，從零開始打造星漾開發企業的第一家旅館——桃園市桂林商務旅館。

## 支持政府推行環保旅館

陳盈瑞投身旅館業第十年之際，為了精進專業知識，進入輔仁大學餐旅管理研究所第一屆碩士在職專班就讀，進而接觸到企業社會責任及綠色環保永續理念；對應在旅館中，他常看到許多外籍客人未使用房間備品，而是自帶刮鬍膏、牙膏、牙刷、沐浴乳等，大幅減少垃圾量。

於是，陳盈瑞起心動念，想在旅館中實踐「環保」和「永續」理念，當時剛好遇到 2008 年 12 月環保署公告「旅館業環保標章規格標準」，促使他躍躍欲試。

環保署制定的「旅館業環保標章規格標準」，主要內容分成六大項：企業環境管理、節能措施、節水措施、綠色採購、一次用產品與廢棄物之減量、污染防制。其中包括四十七項指標，譬如：離峰時間減少電梯或電扶梯之使用；房客離去後重新設定自動調溫器於固定值；泳池及大眾 SPA 池之廢水與餐飲沐浴之廢水分流處理，過濾後回收再利用；不主動提供一次用（即用即丟）之沐浴用品；洗衣設備不使用鹵素溶劑做為清洗劑；廚房設置油脂截流設施並做廚餘回收等等。

2009 年，環保署開始接受旅宿業申請認證，陳盈瑞立刻提出，「那段時間，只要是政府舉辦、與環保標章相關的活動，我都想去

成立時間：2014 年

員工人數：約 68 人

董事長：陳盈瑞

總經理：徐雅娟

取得「環保旅館認證」，設置「借問站」服務旅客，

為臺中市永續環境及城市觀光盡一份心力

參加，從中了解最新政策跟法令，也能藉此發現公司如果要邁向環保之路，營運上可能發生的問題，並加以改善。」

　　他認為，跟隨政府政策走，不管是申請認證或參加評選，不僅具備公信力，而且一旦通過，就等於多了一條免費曝光的行銷管道，將帶來正向收穫，甚至能為產業帶來質變。

　　由於是第一次參與「環保旅館認證」，雖然導入專業顧問公司輔導，初期還是碰到不少狀況。

　　陳盈瑞表示：「譬如，認證指標之一，是整座旅館應該有超過半數的客房需要使用兩段式省水馬桶，以現況來說並不符合，需要更新。」

　　諸如此類的規範不少，換成別的業者難免萌生退意，但他換個心態，以汰舊換新的觀念，逐步達成，過程中還歷經了二十一次退補件，耗時 458 天，2011 年才終於通過，桂林商務旅館也成為當時全臺灣僅三家、桃園市第一家的環保旅館。

取得環保旅館認證後，似乎是種榮耀，但落實執行之後，卻有處處碰壁的感受，首當其衝的是在房間內不提供牙刷、牙膏。

## 節能節水還能獲利

　　在十多年前的臺灣社會，永續環保觀念不如今日，對於不提供一次性備品，消費者反應十分激烈。陳盈瑞回想：「當時有客人說，想省錢就說一聲，不要假藉環保名義，讓消費者權益受損；同業則是發出質疑，獲得環保旅館認證有助於增加業績嗎？」儘管困難重重，陳盈瑞還是堅持落實，並積極和客人溝通，同時採取配套措施。

　　「譬如，我們在自助洗衣區，免費提供裝填式的環保洗衣粉；客房內改用的洗髮精、沐浴乳，則選擇在地、同樣訴求綠色環保的商品，讓旅客體會到這項決定並非為了降低成本，而是提供更優質

為了推行環保旅館，星漾商旅不主動更換浴巾備品（左），以及提供在地的綠色環保商品（右）。

的產品，」陳盈瑞更分享，少了拆解備品包裝，能降低因不慎使用而造成的水管堵塞；客人親身試用優質清潔用品後，若喜歡，也可以在紀念品店買到正價商品，進而增加旅館營收。

由於桃園市桂林商務旅館是在運營狀態中申請環保認證，只能透過設備汰舊換新以符合資格，「因此，不可能立即獲利，」陳盈瑞坦言，但卻能有效地降低後續的營運成本，「我們的經驗是，汰換設備約增加 10%～ 20% 的成本，但後續節電、節水費用，與前一個年度相比，分別可以省下 10% 與 26%，證明了前期設備投資是有機會回收的。」

近年來綠色旅遊概念愈發盛行，更讓陳盈瑞認為低碳環保旅行已是進行式，在兼顧旅客住宿舒適度的前提下，值得繼續投資環保旅館，於是，他揮軍南下，2014 年在臺中市推出新的環保旅館品牌──星漾商旅一中館。

記取之前經驗，這一次，他在建造星漾商旅之初，就融入環保理念，秉持「永續經營、綠色時尚」的初衷，選用符合環保節能政策的設備，採購「低污染、可回收、省能源」的產品，從硬體到軟體，一步到位。

## 善用科技與設施

陳盈瑞說：「空調是旅館業最耗電的設備之一。」為了節電，星漾商旅選用熱泵機組系統，吸收空調系統的廢熱，進行熱交換使其成為日常生活所需的溫熱水，等於「吸空氣就能製造熱水」，在熱

回收和空調控制上有效轉廢為能。

　　建造臺中市第二間星漾商旅中清館時，更規劃大多運用在住宅大樓的「當層排氣」，每間客房都設置獨立排氣孔，將廢氣直接向外排出，成本雖然比較高，但能防止各樓層的氣體垂直擴散，在新冠肺炎疫情蔓延時，身為防疫旅館的中清館，更因為這個系統成功守護旅客健康。

　　在用電方面，採取智能弱電房控系統，插卡操作房內電源開關，退房後，空調自動復歸至最適當的攝氏 26 度。照明部分，選用節電定時器控管全館 LED 燈具三段式開關時間，例如：一樓大廳在下午三點到晚上十點，是客人 check in 的熱門時段，可設定打開多個燈源；晚上十點到隔天上午，燈開關數則降至最低，陳盈瑞說：「依照不同時段需求，有效設定燈源開關，日積月累不但有效節能，也能減少因人為疏忽所造成的能源耗損。」

　　至於客房用水，則裝設省水水龍頭與蓮蓬頭，使用有環保標章的兩段式省水馬桶。

　　此外，客房內提供馬克杯，餐廳也提供玻璃杯和筷子，甚至桌墊也可重複使用；館內設置多台飲水機，旅客可自備環保杯裝水，減少塑膠瓶使用，徹底力行廢棄物減量；旅館還不時舉辦推動減廢觀念的活動，贈送環保布杯袋、環保珪藻土杯墊，藉此對旅客宣導友善環境的綠色消費行為。

　　旅館也提供可免費租借的單車讓客人騎乘，進行減碳旅遊；不定期推出以「環保愛地球」為題的住房優惠專案，只要自備盥洗用具及毛巾，即可獲得房價優惠；對於搭乘大眾運輸工具的旅客，也

星漾商旅選用節電定時器，控管全館 LED 燈具三段式開關時間。

餐廳內提供可重複使用的餐具、玻璃杯和桌墊。

有機會憑票根獲得指定房型優惠價格。這些都是希望能吸引更多旅客參與有環保意識的消費行為。

## 落實永續發展目標，從自身做起

除了在本業實踐 ESG 中的 E（Environment，環境保護），陳盈瑞也逐步推動公司內部朝向 SDGs、ESG 邁進。

譬如，在 S（Social，社會責任）方面，聚焦推動在地文化，於

在星漾商旅的「藝術亮點」中，每年固定展出臺中在地藝術家的作品。

2016 年參加臺中市政府文化局「藝術亮點」計畫評選並通過，將星漾商旅一中館的二樓與四樓廊道，做為年輕藝術家創作展覽空間。為了展示作品，星漾商旅特別在廊道上裝設投射燈，陳盈瑞說：「有藝術家告訴我，飯店展示空間如此講究，真的令人感動。」

　　在星漾商旅的藝術亮點中，每年有固定檔期展出臺中在地藝術家的創作，提供在地藝文工作者展覽、發表以及民眾親近參與的空間，還會為藝術家印製精美宣傳摺頁，讓更多人認識年輕、具發展潛力的藝術家。

如今，星漾商旅的藝術亮點已經成為旅客駐足停留、欣賞藝術的最佳空間，更是網紅打卡點，「同時符合SDGs的優質教育項目，倡導學習指標，是我們無心插柳達成的目標，」陳盈瑞笑著說。

## 獲選為借問站

不僅如此，一中館也參與交通部觀光局和臺中市政府觀光旅遊局舉辦的「借問站」計畫評選，並順利獲選，在星漾商旅門外立起黃底黑字的借問站圓形招牌，提供遊客旅遊諮詢服務及附近景點的地圖資訊，協助市政府推廣臺中觀光。

陳盈瑞分享爭取設立借問站的目的：一來希望提升內部同仁的接待能力，成為臺中觀光的導覽大使；二來也是一種服務，協助市政府將一中商圈食、宿、遊、購、行等資源提供給所有旅客。陳盈瑞說：「基本上，旅館同仁都具備基本英、日語會話能力，除了服務本地旅客外，也可以協助外籍旅客，推廣臺灣旅遊，十分適合。」

至於在落實G（Governance，公司治理）方面，雖然星漾商旅屬於中小型企業，但還是盡力達成。譬如採購政府認證具有節能、

 **SDGs、ESG 實踐心法**

配合政策，善用科技節能設備，引領綠色消費新風潮。

省水、綠建材、減少碳足跡的標章產品；或者優先採購、推廣本地、當令的食材，如大甲芋頭、沙鹿甘藷、東勢高接梨、和平夏季蔬菜等，減少食材運送的碳足跡，真正落實「在地採購，減少碳足跡」的概念。至於內部使用的辦公用品、清潔用品等日常所需，則優先選購綠色產品。

正因為星漾商旅積極落實永續環保政策，並鼓勵內部員工及顧客一同參與，近年來獲得許多肯定：一中館與中清館分別於 2016年、2018 年獲得環保署金級環保旅館；而一中館還獲得其他認證，包含 2015 年環保署減碳行動獎、交通部觀光局頒發的 2018 年和 2019 年「星旅 100」智能環保之星、2016 年臺中市環保局頒發的績優環保旅店獎，以及臺中市政府觀光旅遊局頒發的低碳旅館認證。

陳盈瑞笑說：「當年我主動找上環保署，要申請臺中市第一家環保旅館認證時，署內官員還驚訝地問我：還沒有推廣，怎會有業者

星漾商旅通過臺中市政府低碳旅館的認證，並設立「借問站」，推廣在地觀光。

自願跳進去？」但因為有桃園的成功經驗，讓他對於環保旅館的經營成效十分有底氣，若能照顧本業同時愛護地球，這種一舉兩得的事情，何樂不為？

## 環保永續，大家一起來

不只自己做，陳盈瑞和星漾商旅總經理徐雅娟也十分樂意與同業分享自身經驗，一來讓其他旅宿業者了解申請環保旅館認證的過程，二來也能讓他們安心，投入環保旅館經營，對提升營運效能及降低成本是有所幫助的。

陳盈瑞也期待，在疫情過後，旅宿業者將陸續迎來觀光旅遊業的春天，無論飯店新舊或規模大小，都能在設備及管理端雙管齊下，導入環保觀念，特別是新開設的飯店，更適合一步到位，「唯有愈來愈多業者投身環保永續，這個產業才能逐漸產生質變及量變，有助於提升產業往正面方向發展。」

此外，陳盈瑞也期望政府能引領業者前行，宣導公務人員出差優先選擇環保旅館，制定適切法令，對企業提供租稅優惠，同時鼓勵人們落實在消費行為上，他說：「當環保、綠色消費成為很潮的行為之後，就會逐漸成為生活日常，譬如最近推廣使用環保杯可折抵消費金額，這種誘因若愈來愈多，環保與永續就更能朝正向發展。」（文／翁瑞祐、攝影／胡景南）

## 華邦電子

# 綠色數位轉型，
# 實踐 ESG 境界

將「以綠色半導體技術豐富人類生活的隱形冠軍」做為企業願景，
華邦電子超前部署制定節能減碳解決方案，甚至提前為綠色商機創
造優勢，在邁向永續的道路上站穩先機。

---

　　比爾・蓋茲所著《如何避免氣候災難》一書中，有段話發人深
省：「如果溫室氣體淨排放量不歸零，你我所擁有的一切就可能隨時
歸零。」這句話提醒：全世界氣候變遷不僅嚴重，提出解決方案的行
動，更是刻不容緩。

　　對此，華邦電子積極付諸行動，帶動企業邁向「永續發展」之
路。華邦電子總經理陳沛銘說：「為了讓公司永續經營，使員工覺得
工作有意義而願意留任，這條路必須穩穩地走下去。」而在華邦電子
董事長焦佑鈞的支持下，華邦電子從企業社會責任做起，呼應聯合
國 SDGs，實踐 ESG。

　　從華邦電子的企業願景「以綠色半導體技術豐富人類生活的隱
形冠軍」，可以看出公司未來走向──透過綠色製造為社會永續貢
獻。陳沛銘說：「這意謂著華邦電子的產品，不僅將符合節能減碳的

華邦電子總經理陳沛銘（右）、品質暨環安衛中心副總經理蔡金峯（左）皆表示，「2050 年達到淨零排放」是公司當前最重要的目標。

生產條件，也會協助客戶與所有人節能減碳。」

## 數位轉型，提升永續競爭力

華邦電子是專業的記憶體積體電路公司，核心產品包含編碼型
快閃記憶體、TrustME® 安全快閃記憶體、利基型記憶體及行動記
憶，是臺灣唯一同時擁有DRAM 和 Flash 自有開發技術的廠商。

早在 1998 年，華邦電子就取得ISO 14001 環境管理系統認證，

華邦電子以綠色半導體技術，帶領企業邁向永續發展之路。

成立時間：1987 年

全球員工人數：4,200 人

董事長：焦佑鈞

總經理：陳沛銘

與臺中市政府合作認養后豐鐵馬道，

共同維護公共遊憩設施環境整潔，提升遊憩品質

訂定水資源、電力及原物料等能資源減少耗用，廢棄物活化再利用解決方案，並持續投入碳盤查／碳足跡／水足跡（ISO 14064 ／ ISO 14067 ／ ISO 14046）等工作，同時通過第三方查證；2000 年起，參與臺灣及世界半導體協會全氟碳化物（perfluorocarbons, PFCs）溫室氣體排放減量計畫，近十五年來累計減少約 210 萬公噸二氧化碳當量。2022 年 5 月通過 ISO 50001 能源管理系統驗證，目標以 2021 年為基準年，2030 年中科廠減碳 60%、90% 電力採用綠能，終至 2050 年達到淨零排放。

　　至於如何達成目標？華邦電子品質暨環安衛中心副總經理蔡金峯認為「以終為始」，從目標反推每年減碳量，落實規劃，定期且逐年檢討。陳沛銘說，華邦電子的永續發展委員會（ESG Committee）設有永續辦公室（ESG Office），下設環境永續、人權與社會共融、公司治理以及綠色產品與永續供應鏈，在前進目標過程中，有的目前需要節能，有些則需購買碳權或綠電，皆有分工。

透過月會、季會，以及董事成員參加的定期會議，持續審查執行成果與亮點，未達目標者會繼續推動進度。

2021 年第四季，華邦電子更攜手臺灣微軟，運用微軟雲服務與 Power Platform 程式，打造自家公司的「碳排資訊平台」。「藉此將碳足跡與耗電量計算得更清楚，甚至未來能讓客戶知道，採購的產品使用時所產生的碳排放量，」陳沛銘說，當初成立平台的目的，是建立自動化碳排數據的整合能力，精算碳足跡及耗電量，落實ESG 數位轉型。

蔡金峯說明，平台分為四階段導入，分別是工廠排放量計算、供應鏈排放量計算、淨零路徑及減碳主題應用、落實供應鏈的排放管理。

每件產品生產過程中所產出的碳排放量、每個廠區用電量和產生多少碳排等資訊，都會揭露在碳排資訊平台。目前，第一階段已於 2022 年 9 月底正式在中科廠上線，主要針對工廠碳排進行自動化數據收集與管理。最終希望能提供客戶相關碳排數據，加速促成公司內部降低碳排的具體措施，提升永續競爭力。

譬如，盤查設備碳排量，陸續汰換為高效率節能鍋爐，也將廠內至少 301 台馬達更新成高效率馬達，還有換上 LED 燈等，節能之外，同時提高效率。

## 碳權投資，與自然共好

為了加速實現零碳願景，華邦電子也透過多種管道尋找碳權與綠

電。2022 年首度在新加坡「全球碳權交易平台」（Climate Impact X, CIX）上嘗試藍碳交易，成功購得巴基斯坦紅樹林保育專案碳權，其專案面積超過 35 萬公頃，據說這是目前全球最大的藍碳項目。

所謂藍碳，是指儲存在海洋體系的碳，像是紅樹林、海草床與鹽沼生態系，可吸附二氧化碳的能力，已獲得國際認可。

雖然取得國外自願性碳權能否在臺灣做碳排抵換，或有限額的抵換，仍待環保署訂定細則，但參與國際碳權交易的主要目的之一，除了了解碳權交易機制，做為未來國內碳權交易平台成立參考之外，更重要的是，位在巴基斯坦的這處紅樹林，為數種瀕臨滅絕物種的棲息地，可為該地區生物多樣性帶來可觀的氣候變遷適應效益。

當地 4.2 萬居民，亦可受惠於專案衍生的多項共益性（co-benefit），包括提供超過 2.1 萬個全職職缺、乾淨的飲用水源、保育專業教育訓練、公共衛生及性別平權倡導等。

《巴黎協定》第六條於國際發展合作計畫之意義，即是持續推動協助開發中國家於永續面向的投入，因此華邦電子採用國際自願碳市場做為減緩氣候變化的解決方案，是參與全球減少碳排活動、為地球永續生存及發展貢獻的實際作為。


## 布局綠電，落實綠色製造

邁向永續發展的過程中，產業必須更戰戰兢兢地做好節能減碳工作，尤其是國際客戶對供應商提出簽署使用綠電生產的承諾書要求時，陳沛銘說：「這是很大的壓力，也是動力。」以華邦電子中科

廠來說，如今已訂下 2030 年 90% 的產品是以綠電生產的確切目標，展現落實決心。

2019 年，《臺中市發展低碳城市自治條例》要求轄內用電大戶，依契約容量 10% 來設置再生能源發電系統或其他綠能，當時華邦電子在屋頂可用範圍內，裝上太陽光電發電系統以符合法令，但轉換其發電量僅達廠內用電需求的千分之一。陳沛銘說：「可見綠電取得困難。」

儘管華邦電子目前的客戶訂單中，僅有 3%～5% 的產能要求綠電生產，但華邦電子依舊提前部署，積極規劃綠電使用進程。

多方探詢後，華邦電子在 2022 年順利投資台泥子公司嘉和綠能，參與太陽能發電案場開發。

陳沛銘更期待未來科技業可以集思廣益發展新技術，提升綠電使用效率，開創臺灣能源及產業發展新契機。

## 發揮愛心，善盡社會責任

對內，華邦電子首先重視的是照顧員工。以育兒補助舉例，具資格的同仁在小孩滿四歲為止，每月可獲得六千元補助。從 2011 年實施迄今，超過千名以上的員工子女獲得補助，大幅緩解年輕員工們「怕賺的錢不夠養小孩」的壓力。

對外，與員工們攜手長期資助家扶基金會，認養弱勢國小兒童及家庭，協助孩子們的學業、課業及家庭生活，或者透過助學金方式支持。蔡金峯還分享幾位小朋友的手寫信，以工整的字、可愛圖

華邦電子藉由自建太陽光電發電系統與建構多元綠電來源，以達到淨零排放的目標。

華邦電子致力永續發展，榮獲各界肯定。

家扶基金會的孩子們用手寫信，向資助獎助學金的華邦電子團隊表達感謝。

案表達謝意及溫暖祝福，他面露暖暖微笑地表示，這真的是一件很有成就感以及榮譽感的事情。

陳沛銘指出，同仁們踴躍獻出愛心，內部高階主管也不落人後，早從 2011 年開始，發起自由認捐活動，與非營利組織基金會合作，贊助新竹和臺中地區的偏鄉小學學童快樂早餐計畫，挹注學生健康學習的機會。

華邦電子也積極贊助學術活動，譬如，響應政府《國家重點領域產學合作及人才培育創新條例》，出資協助成功大學創立智慧半導體及永續製造學院，協助成大的大學生、研究生能夠有多元跨域學習的機會，降低產學落差。2021 年至 2022 年與臺灣大學教授李家岩合作智慧製造專案，由李家岩帶領研究生與華邦電子共同進行專案開發與研究，協助學生在校期間提前與產業接軌；也與陽明交通大學在資通訊領域進行學術研究發展，結合學界資源，共同提升半

導體產業環境。

除此之外，還長期贊助國際超大型積體電路技術研討會 VLSI-TSA 及 VLSI-DAT，加速推動資通訊產業升級，協助推動半導體製程及設計相關研究人員領先技術的交流平台，促使半導體技術更臻精進。

## 協助守護公共環境品質

同時華邦電子也與臺中市政府觀光旅遊局合作，進行后豐鐵馬道企業認養，負責定期道路清掃、樹木疏枝等工作，以維護后豐鐵馬道的美觀與安全。后豐鐵馬道路段是由臺鐵舊山線整建而成，沿途風景秀麗、景觀多樣，更有百年以上雄偉壯觀的花梁鋼橋及清淨幽深的九號隧道，是華邦電子員工假日經常造訪的旅遊聖地，因此公司主動向臺中市政府提出認養需求，以守護公共遊憩設施的環境整潔、提升遊憩品質。

華邦電子堅持企業舉辦活動必須兼顧環境永續發展，譬如家庭

---

 **SDGs、ESG 實踐心法**

超前部署制定節能減碳解決方案，投入綠色製造技術，帶動社會邁向「永續發展」之路。

---

華邦電子與臺中市政府觀光旅遊局合作，認養后豐鐵馬道的維護工作。

日活動鼓勵同仁搭乘接駁車及自備餐盒、活動無紙化、統計盤查並減少各項活動碳排、購入自願性碳權抵換等實際措施，打造「零碳家庭日」，也規劃腳踏車發電闖關等 ESG 體驗項目，對下一代機會教育，提升活動的永續內涵與意義。

秉持初心，華邦電子以「關懷社會弱勢、重視環境永續、善盡社會責任」為企業社會責任的核心價值，集結內部資源和員工熱忱，關懷社會。但如同蔡金峯所說，重點是同仁們的愛心，有愛心才能發揮力量。

擁有豐富經驗的華邦電子，也不藏私地給予企業落實ESG的建議。陳沛銘指出，推動ESG是長期的工作，應該在公司內部成立組織，運用團隊力量進行規劃，達成目標。

## 發揮企業永續影響力

「華邦電子也是從過去CSR的委員會到永續發展委員會，一步一腳印慢慢做起來，」陳沛銘認為，訂好工作目標，確認重要工作，踏實完成規劃，落實到日常工作中，比較容易達成目標。

他建議，每家企業都應該做好碳盤查，將資訊透明化，從這些重要且有價值的數據中，找到可改善之處，也能夠做為環境永續的重要參考。

未來，華邦電子仍將積極發揮創新研發的企業永續影響力，以整合精進的設計架構及精簡電路設計等手法，降低產品使用能耗；持續改善製造程序及設備，減少製造過程中溫室氣體的排放。在不斷的創新及高品質要求下，滿足世界級客戶的期望，讓產品能在市場上保有領先地位。（文／翁瑞祐、攝影／胡景南）

**福壽實業**

# 友善生態，
# 建立糧農循環經濟

嚴守「品質至上，顧客第一」的福壽實業，度過多次食安風暴、天候
災難與糧食供應危機，更逐步建構出「糧農循環」的藍圖，堅定地
朝向綠色永續企業的目標邁進。

　　走進超市，拿起一瓶老字號的福壽芝麻油時，你是否曾留意到
商品包裝上多了一個腳印圖樣？那是福壽實業自 2015 年開始申請的
產品碳足跡標籤驗證，累積至今，目前已有芝麻油、柴魚花、寵物
食品等二十二項產品取得碳足跡標籤證書，是全臺擁有最多碳足跡
產品的食品廠商。

　　2009 年行政院環保署推動碳足跡標章，為的是讓企業進行碳盤
查、檢視產品各生命週期的碳排放量。而福壽芝麻油碳足跡標章上
的「1.1kg」和英文「$CO_2$」數字，代表這瓶芝麻油從原料取得，經
過工廠製造、配送銷售、消費者使用到最後廢棄回收的生命週期歷
程中，所產生的二氧化碳總合為 1.1kg。

　　1920 年，福壽實業以臺灣第一部木製榨油機開啟事業，如今已
經發展出多元化的產品，除了有大家熟知的花生油、芝麻油、大豆

福壽實業董事長洪堯昆（左四）表示，公司產業涵蓋面廣泛，團隊會四處考察交流活動及研討會，汲取經驗。

沙拉油、炸酥油等油品外,還有包括早餐系列「喜瑞爾」(Cerear)
穀物食品。另外,福壽實業也是全臺最大寵物食品製造商,更是農
業資材及肥料、禽畜及水產飼料的生產公司,而為整合上下游產
業,更跨足畜產養殖及白肉雞電宰加工廠,並在福壽生態農場飼養
牧草蛋雞、牧草豬,以提供肉品和雞蛋等鮮食產品。其中的子公司
洽富實業白肉雞電宰加工廠,為全臺首家採用歐盟食安規格氣冷式
降溫屠宰設備,大幅提升國內電宰雞肉品質。

　　走過一百零三年的歲月,這家百年企業從未顯得老態龍鍾,反

福壽實業以 100%芝麻壓榨出的芝麻油,已取得碳足跡標籤的證書。

成立時間：1920 年

員工人數：約 600 人

董事長：洪堯昆

總經理：洪碩嬪

在沙鹿廠、臺中港廠導入 ISO 14064-1 標準，

打造與環境共好的工廠環境

倒以機靈的身影，應對各式氣候變遷風險與糧食挑戰。

「我們公司在世界同步化方面，算是做得比較好的，」福壽實業董事長洪堯昆說，「福壽的產業涵蓋層面廣泛，幾乎從人吃的、動物吃的到植物吃的都有，每年經常參加國外的食品、養豬、養魚、寵物等相關考察交流活動及研討會，從國外汲取經驗，看看別人如何做是很重要的。」因此，疫情前，他常常帶著同仁到國外考察取經，一年出國至少十次。

**綠色循環，有機肥料先鋒**

這種開放的視野與挑戰困難的勇氣，也讓福壽實業逐步建立糧農循環體系，走上綠色永續之路。

2018 年福壽實業通過 SGS 認證，獲得「BS 8001：2017 循環經濟標準」最佳化（Optimization）等級，成為臺灣首家通過循環經

濟標準的食品製造商；2022 年，福壽實業更以「糧農循環、共好共榮」的企業理念與落實作為，獲得「國家永續發展獎」最高榮譽肯定，也是二十五家獲獎企業中唯一的食品製造業者。

洪堯昆卻不自滿，他認為，還需要繼續努力。

「二十幾年前，飼料銷售不好，我就想嘗試做有機肥料，」洪堯昆說。於是 1996 年，福壽實業在鹿港創立肥料生物科技廠，2001 年鹿港肥料廠即成為國內第一家取得 ISO 9002 認證的有機肥料工廠。他幽默地說：「不過，當時太早進入，有點跳錯了。」

雖然國內很早就有「有機」的觀念，執行面卻始終走得很慢。

一個原因是觀念錯誤，有些農民以為使用雞糞就是有機肥料，洪堯昆說：「有雞並不是有機，沒有處理過的雞肥並非有機肥，仍然引得蒼蠅滿天飛，造成環境髒亂及污染，成為全民付出的環境成本。」

另一方面，則是肥料售價競爭激烈。洪堯昆解釋，「要生產動物性蛋白的有機肥料，其實沒那麼簡單。雞糞含水量是 60％～70％，需要經過乾燥、醱酵處理，價格幾乎是傳統雞糞肥的三倍。我們不只是要跟有機肥料同業競爭、跟化學肥料競爭，還要跟傳統雞糞業者競爭。」

從一開始建廠到現在，有機肥料廠的獲利仍然微薄。但是，懷抱理想，洪堯昆認為，「既然做下去了，就一定要做到。」

仔細看福壽實業如無限符號「∞」的糧農循環體系圖，農民自福壽實業購買有機肥料，施於農地上種植玉米、芝麻、花生等農作物；福壽實業再向農民購買這些原物料，製造成飼料、寵物食品及食用油等商品；製造生產過程中剩餘的植物性渣粕，以及農場的禽

福壽實業的「糧農循環體系」，橫跨多項產業，建立完整的農業循環經濟。

畜糞、電宰廠副產品、廢棄菇包等，再加以利用，又製造成有機堆肥提供給農民。糧農循環體系中，回收循環即是很重要的一環。

## 農畜廢料回收轉製有機肥

臺灣農畜產廢棄物年產量近千萬公噸，若能回收製成堆肥，一方面可解決施用未經醱酵腐熟生雞糞、豬糞、牛糞等肥料時，造成蚊蠅滋生、影響農村環境衛生以至疫病傳播的困擾；另一方面，農民也可

藉由有機肥料，減少化學肥料過度使用，避免土壤酸化、硬化、有機質含量愈形低下的問題，自然能進一步改良地力、提生產量。

　　但是農畜產業回收過程複雜，洪堯昆舉例，菇類廢棄包需要先經過初步處理，之後再混合禽畜糞、製程副產品，再經過醱酵程序，才能使用。因此，福壽實業繼肥料生物科技廠之後，在鹿港新建醱酵槽並自行培養菌種。從此，回收菇類廢棄包、食品污泥、禽畜糞，再加上工廠榨油副產品植物渣粕後，運用福壽實業自行開發的菌種及醱酵技術，製成有機堆肥提供給農民種植，推行友善耕作。

　　2022 年，福壽實業回收菇類廢棄包 2,623 公噸、禽畜糞 1,841 公噸，另外也增加回收廢白土、食品污泥，再加工製成有機堆肥銷售數量達 1 萬 408 公噸。這些農畜產業廢料回歸生態系統，延長資材使用壽命，再經由收購農民種植的雜糧，生產相關產品，形成農業循環經濟。

## 推動有機農業更進一步

　　切入有機肥料市場後，在國際推動食品安全、友善土地的趨勢下，福壽實業慢慢朝向對土地環境傷害較少的生物肥料、生物農藥發展。

　　2014 年福壽實業成立生技發展中心，陸續導入農業科技應用，成為國內第一家將有機肥添加微生物方式製成微生物肥料的廠商。生物肥料像中藥一樣，要持續使用才能見效，含微生物菌體的有機肥料施用到土壤或作物後，需要一段時間活化、生長，才能顯

福壽實業發展有機肥料,致力推動有
機農業。

洪堯昆認為,從擅長的領域跨出第一步,
就能找到核心競爭力。

出功效,而福壽實業農業資材部陸續與多個單位進行產學合作,參
與政府計畫,分別在 2014 年與 2021 年榮獲農委會「科技農企業菁
創獎——科技應用類」。

　　另外,福壽實業也開發如「菌力寶」、「活麗送」、「蘇力菌」
生物殺蟲劑等產品,減少農藥殘留及環境污染問題,也提高農產品
品質及競爭力。

　　其中的「蘇力菌」,是福壽實業與農委會農業藥物毒物試驗所
合作生產的本土生物殺蟲劑,這種生物農藥只對特定昆蟲具毒效,
且對目標昆蟲外的哺乳動物、鳥類、害蟲的天敵與蜜蜂等無害,相
較於化學農藥,對於環境生態影響也較低。

　　雖然在臺灣推動有機農業不易,但是在發生一連串食安危機
後,福壽實業不僅經得起考驗,更進一步將危機變轉機,深化改革
的做法,從食物鏈根源做起。

首先，從在地農業種植著手。2014 年開始，福壽實業與臺南西港、雲林虎尾兩處農會合作，契作黑芝麻與花生等農作物。除了輔導農民使用有機資材，由福壽實業提供微生物肥料與混合有機質肥料給農民使用，幫助他們改善土壤、減少化學肥料的使用，提升農作物收成量與品質，也承擔起氣候風險，若收成不佳仍照價承購。最後，福壽實業以 100％臺灣在地芝麻壓榨出的芝麻油，開創福壽實業的新品牌「福壽伯」芝麻油。

## 綠色採購，選用永續認證原物料

　　臺灣農作物畢竟有限，有些原物料需依賴國外進口，例如黃豆及棕櫚油。福壽實業在對外大量採購時，也會要求具有產銷履歷及友善土地的農產品。

　　例如，福壽實業採購符合「美國黃豆永續確保規範」（U.S. Soy Sustainability Assurance Protocol, SSAP）認證的黃豆。這項規範是依據美國《資源保育與回收法》與多數美國黃豆農民最佳管理實作而設立的第三方永續生產認證，致力於降低土地利用影響、減少水土流失、增加能源使用效率及減少溫室氣體總排放量，透過縮短行株距、殺蟲劑及除草劑的使用減量，進而降低污染的機會、減少燃料的使用與排放。

　　2022 年，福壽實業購入的 31 萬 7,639 公噸美國黃豆中，約有 7 萬 3,327 公噸符合美國黃豆永續確保規範的認證，占全年黃豆採購量的 23％。

成立逾百年的福壽實業，為了善盡對地球與臺灣在地的責任，致力於推動有機肥料的製作與運用，建立綠色循環。

不只原物料的採購，福壽實業2022年購買的54萬7,379只食品用紙箱中，也有25％是選擇NGO組織「森林監管委員會」（Forest Stewardship Council, FSC） 認證通過、森林友善的FSC食品用紙箱。而隨著銷售成長而增加的油桶使用量，福壽實業則是改用空白油桶，第一年就降低了14.5％的油墨使用量。

　　這些，都是福壽實業與世界綠色潮流接軌，從源頭開始下手，以實際行動呼應永續發展目標中「 促進綠色經濟，確保永續消費及生產模式 」的努力。

除了芝麻油、有機肥料，福壽實業更是全臺最大寵物食品製造商。

二十幾年前，從意外跨入有機肥料開始，福壽實業一環扣一環地串連，如今各產業布局完整，建立起糧農循環體系，在循環經濟的潮流中擁有一席之地。過程中，自然也遇到不少挑戰。

## 支持在地農產品，打造人道飼養生態農場

十幾年前，農委會開始推動大糧倉計畫，希望減少水稻種植面積和活化休耕地，提升國產雜糧自給率。因此，希望農民可以將休耕農田改種玉米、大豆、小麥、高粱等。

有一年，農民種植的硬質玉米因為價格成本高，面臨無人收購的窘境，當時擔任臺灣飼料工業同業公會理事長的洪堯昆，毅然買下近九成、約一萬多噸的國產玉米，並加緊研究如何消化使用。

洪堯昆說：「剛好我們生產寵物食品已經有很長一段時間，於是，試著將這一批國產玉米製作成寵物飼料。後來發現，在地玉米今天收割、明天就到，減少了運輸過程的碳足跡；烘乾之後的玉米放在倉庫裡儲存，也不用擔心以往長程海運及陸運過程中可能因為保存不當而產生醱酵的狀況，而且原料新鮮，做出來的飼料寵物也愛吃。」

於是，福壽實業開始擴大且持續進行在地採購，包含國產黑芝麻、花生、紅藜等農產品，創造農民、企業和消費者的三贏。

在糧農循環體系中，養殖產業是不可或缺的一環，福壽實業很早就跨足其中。近來缺蛋危機成為社會議題，更可以看出洪堯昆的遠見。

談及位在南投縣中寮鄉的福壽生態農場，他說：「我們的生態農場約有 44 公頃，在農場內不用農藥、不用殺蟲劑，生態很天然，還看得到老鷹與多種動物，飼養的雞和豬更是在日照充足的自然環境中自由活動，不施打生長激素、抗生素。」

目前農場內規劃「牧草土雞區」、「放牧蛋雞區」、「黑豬放牧區」、「有機蔬菜區」四個區域，植物種植皆朝向自然農法管理，搭配牧草飼養雞、豬隻，提供動物們安全飼料，整體採用符合歐盟標準的人道飼養方式。

洪堯昆認為，近年氣候變遷和俄烏戰爭帶來糧食危機，對於仰賴國外進口大宗物資及糧食的國家而言，原物料價格一路飆升，形成很大的變數，而臺灣土地資源有限，更要懂得活化土地，提升國內糧食自給率。

## 工廠改造，導入智慧管理

為了進一步落實「糧農循環、永續共榮」理念，福壽實業自 2022 年起，將在三年內斥資十億元執行 3R 策略，聚焦循環經濟（Recycle）、減少浪費（Reduce），以及最重要的工廠改造（Remodel）。

讀工業管理出身的洪堯昆深知，工廠的能源管理及流程智慧化，對企業發展影響重大。

以用電量最大的沙鹿飼料廠為例，由於製作流程經過粉碎、混合、成型、製粒、乾燥、冷卻，需要使用高達上萬顆馬達，能源支

導入人工智慧管理系統,透過電腦螢幕,就能掌握廠
內相關資訊。

出就占總生產成本 35.6%。以前的大馬達效能不好,不只耗電、對
環境也不好,因此十幾年前,福壽實業開始一步步把老舊、耗電量
高的老舊馬達,汰換為效率更高的節能馬達。

2017 年,福壽實業申請ISO 50001 能源管理系統國際認證,
在過程中,從全廠設備盤查、重大耗能設備掌握,開始建立設備能

---

 **SDGs、ESG 實踐心法**

透過銷售產品、購買原物料、回收再利用製程產出的廢棄物,
打造糧農循環體系。

---

源績效指標，有策略地管理工廠內部能源使用。主要生產工廠沙鹿廠、臺中港廠、鹿港廠，也已導入 ISO 14064-1 標準，完成溫室氣體盤查，並擴大建構太陽能光電系統，以符合臺中市政府規定工廠必須設立再生能源 10%的要求。

另外，福壽實業也導入人工智慧管理系統。洪堯昆說：「以前光是檢查油桶存量，得要靠人工爬上爬下目視檢查，就連穀倉五十五公尺的高度，過去也是人工用尺去量，還要寫報表；現在在油桶及穀倉上裝設感測器，很快就能知道容量、溫度等數據，人員坐在製程管理中心的辦公室，透過電腦螢幕就能馬上知道所需要的資訊，還能自動化調度。」

除了在企業本身努力友善環境，福壽實業也希望食農教育觀念能向下扎根，影響下一代，於是在 2021 年與出版社合作，出版《食

福壽實業配合臺中市政府的空地綠美化活動，為鄉里打造出綠色空間。

福壽實業團隊參與趨勢論壇，分享公司如何落實 ESG 與永續觀念。

物變變變：神奇的農村之旅》兒童繪本。

這本繪本將專業的糧農循環知識轉化成簡單有趣的圖文，是食農教學的良好教材，洪堯昆說：「有了這本食農教育繪本，可以讓孩子知道，農業廢棄物是如何在糧農體系中循環再利用。」

透過農委會食農教育資訊整合平台推薦，洪堯昆贈出近兩千本繪本給全國八十餘所小學，為食農教育出一分心力，「這樣有意義的事，福壽實業很願意去做。」

## 有心，最重要

回顧二十幾年的經營，洪堯昆歸納自己的公司治理之道，不論是環境保護、公司治理或社會責任，總是可以找自己擅長的領域跨出第一步，像福壽的產品與食物相關，就從糧農循環切入，「最重要的，是有心。」

只要有心想做，經營者自然能找到核心競爭力，讓自己的企業一步步永續長青。（文／林春旭、攝影／胡景南）

# 第 3 部

# 後 盾

有些企業在製程與設備上精益求精，尋找與開發對環境友善、減少負擔的作為，有些企業則扮演支援者或執行者，提供更多、更新的技術與建議。

這些企業具備專業的技術、精準的執行力，扮演業者與公部門的橋梁，盡可能讓破壞環境永續的黑手無所遁形，也展現出不分產業別、不論規模大小，只要有心，都能夠落實 SDGs 和 ESG 理念。

（企業案例，以公司名首字筆畫排序）

# 天眼衛星科技

## 智慧運輸，落實環境永續目標

透過衛星定位，即時回傳各種運輸資訊，利用雲端與大數據，公平分派任務，有助於提升運輸效率，節能減碳。智慧運輸管理，將成為交通物流產業實踐 ESG 的利器。

---

　　鍵盤敲一敲、手機按個鍵，幾十萬里遠的物品便能送達鄰近的便利商店，回家就能輕鬆取貨，這已是現代人熟悉的生活日常。自古至今，運輸物流產業在社會經濟發展歷程中扮演重要的角色，是經濟成長的必要動力，卻也在無形中造成對環境的污染與負擔。

　　根據行政院環保署的調查，2019 年運輸部門的溫室氣體排放量近 3,699.8 萬公噸，占國家總體排放 12.8％，其中，又有高達 95％以上來自公路車輛，而貨車屬於高耗能、高碳排的柴油車。因此，若能透過有效率的送貨路線規劃，培養駕駛人的良好用車習慣，將有助於減少貨車燃料使用量，協助運輸物流業者達到減碳的永續環境指標。

　　拜數位科技發展迅速之賜，過去人、車、貨品一旦出門就無法掌握的狀況，如今可以透過衛星定位、車隊管理、物聯網、雲端、

藉由衛星定位應用科技，天眼協助運輸物流產業，建立綠色運輸管理機制。

數據分析等技術整合與應用，讓傳統的貨品運送行為產生質變，不但友善環境，也能妥善且合理地配置貨車司機的工作任務，打造更安全無虞的工作環境，更是企業落實ESG的實際作為。

## 衛星定位科技應用於商用車隊

2008年成立的天眼衛星科技，其前身是逢甲大學地理資訊系統研究中心工作團隊，主要研發技術為衛星定位應用科技，因2001年

天眼總經理穆青雲表示，公司以人更安全、車更節能、貨更便捷為核心，用心提供服務。

成立時間：2008 年

員工人數：約 70 人

董事長：周天穎

總經理：穆青雲

與臺中市環保局合作「臺中垃圾清運大車隊」網站和 APP，

能查詢清潔車定位、設定常用清運點、接收即時到點推播等

與台塑企業合作開發、建置油罐車車隊的 e 化管理系統，開啟了將這套系統應用在商用車隊的先例，並於 2010 年正式推出「天眼全方位運輸資源整合平台」。

這套系統發展至今，具備車隊管理、人工智慧派遣、物流冷鏈管理、駕駛注意力輔助、駕駛行為分析、行動管理 APP、便民服務等各項功能，客戶則遍及貨運、物流、快遞、客運等領域，甚至擴及至政府機關，如中華郵政、縣市政府清潔車、拖吊車、救護車、砂石車、河川巡防車等單位。

目前，全臺灣使用天眼所提供服務的車輛達三萬多輛，如台塑集團、奇美實業、台積電、美光科技、日月光半導體、東京威力半導體、7-11 宅配、FamilyMart 店配、裕利醫藥、台灣中油、中華郵政等，都是天眼的主要客戶。

天眼總經理穆青雲表示：「站在運輸與物流公司的角度，當然希望用最低成本把貨物送出去。換言之，要能用最少的車輛、最短的

距離、最少的人力、最快的時間，把貨品準時送達。」這也是天眼成立之初的核心精神──人更安全、車更節能、貨更便捷。

## 提升運輸效率，降低環境衝擊

過去，運輸物流業十分仰賴調度人員發貨派車，隨著電商崛起，加上後疫情時代來臨，物流公司每天的發貨量，可從早期的幾十件、幾百件，如今變成千上萬件，無法再純粹依靠人工作業，必

天眼的衛星定位科技，目前在全臺灣大約有三萬輛車使用。

須藉由電腦運算，設計出如何用最少的車輛、最少的人、最快的時間送達貨品，以達到物流公司所期待的最佳利益。

透過天眼核心產品「天眼智慧運輸物流管理雲」的人工智慧派遣系統，由電腦規劃出最佳路徑，將多趟任務媒合至同一部車，減少派出車輛，貨車行進路線既短又正確，司機也不會因為迷路或尋找適當的上貨、卸貨地點，而浪費時間。

穆青雲說，每節省一趟車輛派送，運輸里程就會變少，不但降低油資成本，減少的派車數，因為不用出勤，碳排就是零，在改善運輸效率的同時，減少空氣和噪音污染，提高能源使用效率，降低環境衝擊，對於節能減碳而言是很具體的效益。

譬如全家便利商店，就是使用天眼所開發的整合派車系統（Transportation Management System, TMS），針對偏遠地區如平溪、宜蘭、東澳，以及特殊廠區、營區、學校內店鋪，採取雙溫層甚至三溫層共同配送，提升車輛裝載率，讓消費者能夠取得更新鮮的商品，同時節省企業出車趟數，以及車輛來回產生的能源消耗，每年約可降低配送里程數達 73.1 萬公里，相當於繞地球 18.3 圈的距離，達到減少碳排放的效果。

## 改變駕駛習慣，提高營運效率

除了路線規劃之外，改變駕駛的微小習慣，對於規模達成千上萬輛的車隊而言，也可能產生意想不到的極大效益。

穆青雲以物流業界很有名的案例說明。

全球最大國際快遞暨運輸公司UPS有一項規定，建議司機「若非必要，盡量避免左轉」，這是UPS根據車輛路徑問題理論（Vehicle Routing Problem, VRP），套用在內部路徑軟體系統後發現，左駕國家的司機在等待左轉時，必須等到對向沒有來車時才能行進，這幾秒的等待時間不僅耗油，發生事故的機率也相對提高。於是，2004年UPS實施「避免左轉」政策後，每年減少1,000萬加侖的用油、2萬公噸二氧化碳排放，還能增加35萬件包裹的運送量。

這一點，透過天眼智慧運輸物流管理雲也做得到。

藉由大量且即時的數據回傳，包括貨車油料里程、維修保養、行車統計，透過微軟公用雲端服務平台Azure儲存及運算處理資料，由管理平台產出各項報表與駕駛行為評量，過去人工作業看不到的駕駛現場，譬如司機左轉次數、倒車距離、剎車次數、冷鏈物流車車廂開關門次數等，如今全部一目了然，也能藉此改善駕駛習慣，提高營運效率，降低油耗及管理成本。

## 提升冷鏈物流管理

穆青雲說：「這些管理參數，都能依據客戶需求進行設定，若要更有效地做到節能減碳，『冷鏈運送』就是一塊重要的拼圖。」

他表示，冷鏈車廂宛如一台行動冰箱，每開一次門，壓縮機就得多運轉好幾分鐘，才能再次恢復到原本設定的冷藏溫度，因此，物流業者都希望駕駛能盡量減少冷藏車廂開關門次數，以減少壓縮機與冷媒的重複運轉與使用。「為此，天眼服務的全臺最大宅配車隊

還曾經針對冷鏈車舉辦『開門最少』競賽，希望藉此提醒駕駛每次打開冷藏門之前，思考能一次下貨的物品，不要因為忘記而重複開關門，」穆青雲笑著說。

而天眼所提供的「冷鏈物流管理」系統，是在冷鏈物流車裝置多個感測器，透過無線傳輸，可將車廂內物品溫度履歷回傳行控中心，即時監控車內溫度，避免因溫度變化而造成貨品的損失或食物的浪費。

事實上，這套冷鏈物流管理技術也能協助離島冷鏈物流管理，將低溫產品從臺灣倉儲，經由船運，最終到離島店家的過程中，確保溫度管理符合品質要求。

試想，一項食品從生產到運送已經產生許多碳足跡，若是在配送到消費者手上前，沒有管控好最後一哩路，不只是浪費商品，更會造成許多無謂的碳排和環境污染。

## 化監控為關心，讓關心變安心

然而，運輸物流業的核心不只是「車」和「貨」，「人的安全」更是一大關鍵。初期，天眼在協助客戶導入智慧運輸管理系統的過程中，遇到最大的難題經常是「駕駛」。

天眼智慧運輸物流管理雲是藉由「人」、「車」、「貨」三面向通盤考量，再針對出勤前、中、後不同階段的需求，進行功能設計。譬如每位貨運司機出勤前，會先到健檢站測量血壓與酒測值，確認基本生理狀態後才能開始工作。

出勤過程中，管理系統則可透過車上的應用影像辨識技術，偵測駕駛有無疲勞、分心、操作手機等行為，若發現異常便立即發出警示音，提醒司機注意；若無改善，便拍照回傳至後端管理平台，由管理者主動介入要求司機改善。系統還會偵測車輛有沒有偏離車道、蛇行，或與前車距離過近等情形，降低交通事故發生率。

最後，透過行車紀錄的大數據分析，統計分析司機生理狀況、駕駛行為，做為健康評估、改善不良駕駛習慣、工作績效等判斷的依據。

雖然系統設計的初衷，是為駕駛們建構安全的工作環境，但在導入系統之初，難免會讓駕駛有種「被監視」的感受，產生抗拒心態，穆青雲說：「還曾遇過司機故意破壞車上設備的狀況。」

因此，導入系統前，天眼經常宣導一個重要的理念，就是「化監控為關心，讓關心變安心」，讓使用者感受到這些設備對他們是有實質幫助的，接受度自然就會提高。

## 科技導入，強化行車安全

台塑汽車貨運是第一家與天眼合作，也是全臺最早導入大型車隊運輸管理系統的運輸業者。早年司機出勤返程後，都得花半小時以上時間，認真回想當日行程，再手動謄寫紙本行車紀錄及出勤紀錄，還常常發生誤植情形。

現在藉由天眼的智慧運輸管理系統，駕駛一完成任務，電腦上已列出所有行車紀錄、出勤資料，駕駛只要花三分鐘，檢視紀錄無

天眼為台塑汽車貨運開發生產管理系統（圖中螢幕畫面），幫業者大幅降低能源消耗成本。

誤，簽名後即可下班，這樣一來也能大幅減少紙張的使用。

另外，出勤前掌握駕駛們的身體健康狀況，出勤中對於異常情形即時示警，更有助於減少意外事故發生率，提升行車安全，也讓駕駛的家人和其他用路人更加安心。

台塑汽車貨運自從導入天眼智慧運輸物流管理雲後，每個月每千輛車次約可節省一百萬元油料及維修成本，大幅降低能源消耗。公司在節省成本之餘，也達到節能減碳的目標，為社會及環境盡一份心力。

企業在落實 ESG 時，公司治理、社會責任和環境保護三者，其實是牽一髮而動全身。穆青雲觀察：「其實臺灣很多企業老闆在乎的不只是成本，更關心的是公司治理，包括如何維護員工安全、確保薪資公平和人力穩定。」

## 達成薪資公平性，確保人力穩定

以物流運輸業現況來看，貨運司機缺工狀況嚴重，相較於減少派車成本，企業主更在乎的是人力不足對公司帶來的損害。

過去，負責路線及派車安排的調度人員，是物流運輸業最核心且關鍵的職務角色。一旦調度人員請假或是離職，派車作業就會產生問題，畢竟這項工作很倚重經驗值。

由於每項貨品的性質不同、運費不同，路線也有好壞之分，整

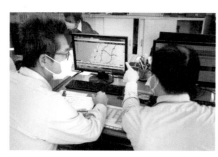

使用天眼智慧運輸物流管理雲的企業，可在後端管理平台掌握駕駛的個人狀態及行車狀況。

每位司機必須先到健檢站測量血壓與酒測值，確認基本狀態沒問題之後，才可以出勤。

體需考量因素十分複雜，如果是和調派人員交情好的司機，有可能獲派較好跑、運費和獎金較高的路線。上述這些條件，都會影響司機薪資計算的公平性。

因此，天眼會盡量將客戶需求條件寫入系統內，根據當日貨物領送地點、貨物體積與重量、上下貨的先後順序，安排送貨的車輛數目及路線，平均分配每輛車的行車距離、時間、獎金。穆青雲說：「這些複雜的程序，AI只要花五秒就能完成，也能避免分配不平均、導致司機薪水相差太多的糾紛。」

以天眼與奇美實業的合作來說，就是藉由系統輔助調度人員，將原本仰賴人力經驗的委外車輛配送任務，透過「自動合車功能」，介接企業資源規劃（ERP）系統，不需重複建立配送資料，即可快速為委外車輛調派任務。如此一來，不僅節省 90％人工派車時間，避免任務分派不公的爭議，更可自動計算應收貨款、配送獎金等資料，大幅降低管理成本，也增加委外車輛業者的信任感。

不只是企業端可以運用天眼智慧運輸物流管理雲實踐ESG，公

 **SDGs、ESG 實踐心法**

透過智慧運輸系統，為物流產業打造安全、節能、提高效率的工作環境。

部門同樣也能透過多元化科技，達到便民服務和車隊智慧化管理。

　　許多人都有過追垃圾車的經驗，常常搞不清楚垃圾車何時抵達，如今，臺中市市民只要在電腦上進入「臺中垃圾清運大車隊」便民查詢網站，或是手機下載APP，便能即時查詢清潔車定位、設定常用清運點、接收即時到點推播，或以地圖定位、輸入地址方式查詢清運點，至今APP下載次數超過三十萬次。

　　這是天眼自2014年和臺中市環保局合作的成果，施行一陣子之後，針對民眾需求於2021年加入資源回收車動態追蹤，成為全臺第一個提供資源回收車動態追蹤查詢的縣市。如今，臺中市環保局共1,389部清運車輛上（包括垃圾車、資源回收車及各式車種），都有安裝全球衛星定位系統（GPS）車機。

## 從為民服務朝向智慧化管理

　　這套「清潔車即時衛星定位便民查詢及管理系統」運用全球衛星定位系統、無線通訊及地理資訊系統等科技，將每日數千輛車次、三百多條路線的清運勤務中所產生的各項資訊，包括車輛、人員、路線、清運狀況等，即時整合建置於系統裡，擺脫過去仰賴紙本作業和人工管理的狀況。

　　雙方的合作計畫也從最初「為民服務」，朝向「車輛管理」功能，進一步達到永續環境的目標。

　　譬如，統計每部垃圾車每日平均抵達時間、路線值勤時間、區隊與車輛準點率，並且用大數據分析輔助調整班表、有效管理垃圾

車的行徑路線、規劃清運路線，減少無效繞行，降低經濟成本與碳足跡。

臺中市環保局表示，如果發現清運準點率變差，就能進一步探究是否由於出現新的重劃區，住戶因此增加，或是某個時間（節日後一天或收運日隔天）收運量大增、收運點太多，根據數據而適時做班表或路線修正。

此外，過去曾發生民眾投訴「垃圾車開太快」，但只憑感覺很

臺中市市民可以透過「臺中垃圾清運大車隊」網站和 APP，掌握垃圾車的動態。

難認定垃圾車是否超速,透過全球衛星定位系統回傳資訊,可以測出清運車的速度,並把超速車輛即時推播到「車輛超速」LINE 群組,列出區隊、車牌、超速和速限資訊,後台也能統計出哪個區隊清運車超速最多,進一步輔導改善,降低超速風險。

不僅如此,臺中市環保局也積極導入油耗及各項駕駛行為分析,做為未來重要決策的資訊。

這項計畫還曾榮獲 107 年度臺中市政府「簡政創新績效評核優等獎」,109 年度、110 年度「廉能透明獎——優選獎」。

天眼為臺中市環保局量身訂做的清潔車即時衛星定位便民查詢及管理系統,還加入臺中市特有的圖資資訊,未來整合相關資源與資料時,可以提供更多的加值應用。

譬如,引用交通局拖吊違規即時資料,預測清運路線是否可能有妨礙通行的車輛,進而修正預計抵達時間;也能藉由導入都市發展局建造執照、使用執照發放情形,預測當地社區與住戶的增減,以調配實際清運需求。這些分析及應用,都能提供市政府不同單位交互應用。

## 系統還能兼顧公益與環保

衛星定位的應用層面廣泛,穆青雲回想,十八年前,天眼曾在因緣際會下,無償提供大甲鎮瀾宮媽祖遶境進香衛星定位服務,每年數百萬人次的民眾可以透過網站及下載APP,獲知媽祖鑾轎的位置,接收遶境進香的即時資訊。

對於親身前往參與遶境進香的民眾，避免了交通和時間的浪費；而未能前往現場的民眾，也能透過鏡頭即時觀看、線上參與，直接或間接地減少運輸載具的碳排，既是社會公益也兼具環境保護，落實公司 ESG 的具體作為。

儘管，目前金融監督管理委員會（簡稱金管會）針對實收資本額超過二十億元的上市櫃公司，要求必須陸續完成 ESG 永續報告書的編制、申報及第三方驗證，上市櫃公司也必須在 2027 年前完成溫室氣體盤查。但對於員工數不到百人、資本額不到四千萬元的天眼來說，為確保公司中長程目標與國際間的 ESG 標準接軌，目前內部也正在依循全球永續性報告協會（Global Reporting Initiative, GRI）準則，撰擬 ESG 永續報告書。

穆青雲表示，未來，天眼將持續協助運輸管理產業，建立起綠色運輸管理機制、實現達成淨零碳排目標，在提升產業管理效率、降低能源消耗與意外風險發生率三者之間取得平衡。另外，公司治理也會堅守誠信正直的商業倫理、良性的競爭行為，落實風險控管原則，並持續優化工作環境、增進員工與客戶福利，建立正面循環的夥伴關係。（文／林春旭、攝影／胡景南）

## 技佳工程科技

# 創新研發，
# 維護水體環境

運用智慧管理，保護河川環境，讓廢棄物再生及鄰里放心，秉持
「創新永續，馬上行動」企業精神的技佳，期許成為地方政府與企
業永續發展的最強後盾。

---

　　走進技佳臺北內湖總部，偌大的公司看不到招牌。技佳總經理廖
君庸說，技佳服務的對象多是政府單位，鮮少有陌生人到公司拜訪，
索性拿下招牌，換上美麗畫作，為辦公場所增添藝術氣息。

　　技佳設立二十多年來，主要業務為協助環保署、各縣市政府環
保局、中央政府機關及國營事業等，落實政策，執行水污染、廢棄
物以及工程營建管理等實務工作。

　　2021 年，更與臺中市環保局聯合創新研發「水管家」水質監測
設備，讓臺中市環保局可以隨時掌握轄內水質變化，協助金屬表面
製造業者與電鍍業者管控工廠水質，杜絕廢水排放，提升臺中市的
水質環境，達到聯合國永續發展目標中的「淨水與衛生」項目。

　　而臺中是全臺金屬製品業最密集的地區，根據經濟部統計處
2019年發布的資料顯示，臺中市金屬製品業工廠為 5,584 家，占全國

技佳持續投入廢棄物管理與廢污水管理兩大領域，希望替綠色環境盡一份心力。
圖中左二到左四分別為：技佳水務部經理翁筱琪、總經理廖君庸、副總經理邱俊祥。

同類工廠的 25%。

　　但是，金屬表面製造業和電鍍業的製程中，會產生含酸、鹼、重金屬離子的廢水，若未經妥善處理，必對周圍環境造成重大傷害。

　　為了保護河川與市民安全，臺中市環保局向來對這兩類型業者放流水的稽查相當嚴格，對於超標違反《放流水標準》的業者，也會即時裁罰，要求改善。

　　廖君庸表示，早年各縣市工廠偷排廢水的狀況時有所聞，稽查人員往往只能守株待兔，等廢水排出後採樣，不合格再告發處分。

水管家會記錄水質變化趨勢，發生異常時，便傳送提醒給臺中市環保局和業者。

成立時間：1998 年

員工人數：約 360 人

總經理：廖君庸

協助臺中市轄內事業，加強自主管理放流水水質

---

可是，偷排只需幾分鐘，長時間等候也不見得剛好能碰上關鍵時刻，因此河川污染事件還是經常發生。

「以地區來看，臺灣最嚴重的工廠偷排廢水案件，大多發生在桃園大園工業區、觀音工業區、中壢工業區、臺南合順工業區，以及高雄縣的阿公店溪跟典寶溪，」廖君庸分析，環保署還為此推動科學儀器稽查專案，技佳承接後，在 2003 年開發連續自動監控系統，在工廠排放水的下游處安裝儀器，自動監測，當水質超過警報設定值時，便發出簡訊給稽查人員警告超標；只要收到警報，環保稽查人員就立刻出發，因此查獲不少重大污染源。

## 創新研發，「水管家」協助保護河川

因此，當臺中市環保局為了解決業者放流水超標問題，想要自主研發水質感測設備時，技佳就結合過去經驗，與時俱進導入先進智慧科技，創新研發出「水管家」水質監測設備。

廖君庸也分享過去稽查經驗，通常放流水超標或造成水污染狀

況，主要原因之一是未能即時發現廠房設備異常，或者電極故障、未校正等，無法即時掌握廢水處理情況，導致放流水超標污染水體而不自知，業者也因此受罰。

過去，金屬表面製造業和電鍍業可說是環保類罰單收入的主要貢獻者，只要採樣，超標率很高。但是對臺中市環保局來說，開罰並非主要目的，真正目標是環境改善。

因此，臺中市環保局翻轉觀念，由公部門主動開發水質監測設備，輔導業者自行設置，加強自我管理，善盡企業社會責任，不要等環保局上門稽查才知道超標，希望能藉此從源頭積極管理，取代過去管末稽查管制及裁罰。

## 非關開罰，全天自主監測管理

可是，金屬表面製造業和電鍍業大多屬於中小企業，與大型企業相比，廢水量不多，要裝設市面上動輒二十萬元以上的水質感測系統，成本太高。

對此，臺中市環保局深諳業者心聲，希望讓水質監測儀器普及，技佳水務部經理翁筱琪就說：「環保局開出明確的創新研發目標，除了降低價格之外，還必須同時具備內建顯示螢幕、pH 值跟導電度的功能。」讓業者透過這台儀器，就能清楚知道水質變化趨勢。

2021 年，技佳的工程師們著手研發水質測量設備，經過無數次測試，完成設備功能穩定、齊全度以及價格需求，最終推出一台兩萬八千元的「水管家」，只要裝設在放流槽，就能協助業者二十四小

水管家（右）的設置，可協助業者加強放流水的自主管理。

時掌握放流水的 pH 值、溫度及導電度，每五分鐘系統會回傳一筆數據，並建構數據收集系統，藉由直覺式圖表，透過電腦、手機或平板連上系統，就能一眼看懂水質變化，幫助業者化被動為主動，了解水質狀況，提升自主管理能力。

翁筱琪說：「水管家結合 LINE 的即時推播功能，異常時會透過群組發布訊息，提醒業者即時確認設施情形，環保局局長、局裡的 LINE 群組也都能收到，可即時除錯、立即矯正。」平常，水管家也記錄每天水質變化趨勢，當水質發生異常，便會透過 LINE 傳送提醒，讓環保局與業者知道水質產生變化，也可讓業者即時進行改善。

水管家系統推動初期，曾有業者擔心時時被環保局監督，但實際使用後，了解到數據只是提供自主管理使用，不會做為告發依據，臺中市環保局同時導入專家學者的功能診斷諮詢，幫忙排查、解決問題、完成改善。有業者表示安裝水管家之後，不需要人力盯看，就像有了保全，隨時關注廢水情況。

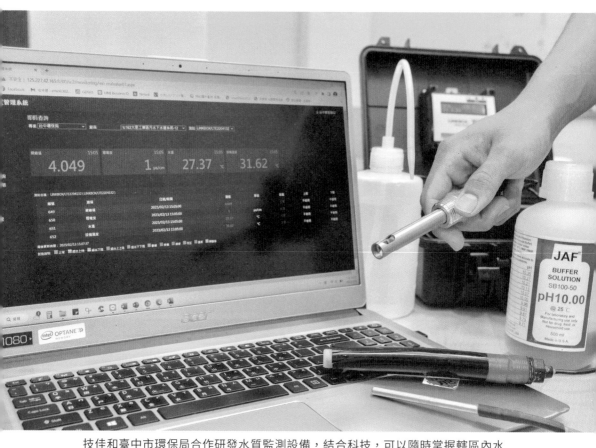

技佳和臺中市環保局合作研發水質監測設備，結合科技，可以隨時掌握轄區內水質變化，進而管控水質。

對業者來說，只要有意願使用便可登記，臺中市環保局將免費提供水管家全套設備，並且到廠安裝，業者只要支付電費跟網路費即可。翁筱琪說，水管家剛推出時，環保局為鼓勵安裝，更提供早鳥優惠，前六十家免費提供一年網路。截至 2022 年為止，水管家已成功推動超過兩百家廠商裝設，占臺中市電鍍業及金屬表面處理業90％，2023 年，全臺中市也將擴大辦理。

## 循環利用，畜牧業資源化

「近年來環保意識高漲，過去工廠經常被視為臺灣河川污染的主要來源，如今大致都已被納入政府的妥善管理範圍，」但廖君庸認為，長期影響河川水質的，還有畜牧業產生的廢水。

無論養豬、養牛，飼養過程無法避免的就是動物排泄物，也是畜牧業最常被詬病的部分。

為了改善畜牧業造成的環境污染問題，環保署積極推動畜牧糞尿資源化，讓豬糞尿經由厭氧發酵方式，產生沼氣、沼液和沼渣。沼氣中 60％ 以上是甲烷，其溫室效應造成全球暖化之潛勢，為二氧化碳的 25 倍。因此，收集利用沼氣，不僅可減少溫室氣體的排放，也可用來發展綠電以及生質能源。除此之外，沼液、沼渣含有豐富養分及肥分，可提高植物的抗病蟲害能力，有助於作物吸收、產量增加，更可做為農地肥分，施灌農田，減少化學肥料的使用。技佳目前也在全臺各重要畜牧業城市，協助養豬戶把豬糞尿變成肥料，循環運用到農地上，減少化學肥料使用與污染河川。

以技佳的客戶之一台糖畜殖事業部來說，耗資一百零七億元，推動農業循環豬場改建投資計畫，總資金的 16%～ 17%做為豬舍建造之用。技佳參與此案並擔任計畫總顧問，將十三座傳統豬舍改建為負壓水簾式太陽光電豬場，使用水量約為原來的 1/3 ～ 1/4，預計一年有二十幾萬頭在此畜養。

翁筱琪說明傳統豬舍與循環豬場的用水差異：「傳統豬舍清洗時需要大量用水，遇上炎熱天候，還會灑水幫助動物降溫，因此一天大概需使用 20 ～ 30 公升的水量，廢水量非常大。」但在循環豬場，用高床式方式畜養，豬隻的糞尿會直接掉落到鏤空的地板收集起來，如同有一座池子，直接送往厭氧發酵處理，一天用水量可以下降到大概 5 ～ 7 公升左右。

環保署還提出輔導轉型計畫，在 2016 年修訂法規，畜牧業廢污水可以申請資源化，回歸到農地做為肥分使用；並與農委會合作，輔導畜牧業糞尿厭氧發酵十天後，做為有機肥澆灌作物，成為天然有機肥料。澆灌前，則先做農地地下水檢測採樣，每兩年至少做一次複測，確保不會產生重金屬污染。

自 2016 年臺中市配合環保署政策，推動畜牧糞尿資源化至 2022 年，以一度水減少 0.162 公斤的碳排放量來計算，一年約可減少碳排放量達到 1,500 公斤，成績斐然。

臺中市環保局更在 2022 年設置十座全國首創的加肥站，提供有意願試用的農民自行取用經過厭氧發酵後的有機液肥，試用過的農民都給予好評，反應不但臭味盡失，又可以減少長期使用化肥造成土壤酸、鹽化、地力衰退、水資源及生態環境破壞等缺點。

翁筱琪提到，初期媒合農地與畜牧業合作時，農民們難免會擔心臭味和重金屬污染的狀況，且過去慣於使用化肥，收成量也十分穩定，一旦改變肥料，是否會影響作物生長情形，以及收成量、經濟收入，因此往往都以「再看看」為由，婉拒合作。

　　所幸，真金不怕火煉，臺中市環保局大舉提供試用，技佳也一改過去舉辦室內說明會，直接找到使用有機肥料澆灌的農地，由農民現身說法，讓其他農民親眼看到使用有機肥料的好處：農地沒有異味，稻米結穗量變多了，收成隨之增加，農作物個頭碩大肥美，香氣十足。而且在環保局跟農業局共同把關下，也不需擔心有機肥會有污染問題，好口碑於是漸漸傳開，截至目前為止，臺中市政府轄下的八十家畜牧業者，已有五十四家順利加入畜牧糞尿資源化計畫，翁筱琪說：「我們的終極目標是畜牧業百分之百資源化。」

## 再生利用，媒合底渣使用

　　不僅畜牧業產生的排泄物能循環再利用，焚化爐燃燒垃圾所產生的底渣，只要費點心思，也可以再次發揮效用。

　　走進隸屬臺中市環保局的「寶之林廢棄家具再生中心」660坪停車場，你很難想像，這裡所使用的一萬七千顆地磚，竟然都是用臺中烏日焚化爐的底渣所製成，而賦予無用底渣重生力量的，正是技佳。技佳副總經理邱俊祥指出：「技佳擁有底渣製作地磚的配方，可製出 A 級品質的地磚，強度不遜於天然粒料製作的成品。」

　　據統計，2020 年臺中市三座焚化爐燃燒垃圾產出約 9 萬 8,000 公

技佳團隊運用智慧管理與技術，保護河川環境，讓廢棄物再生。

噸底渣，全部循環再利用達 100%，焚化再生粒料優先使用於公共工程，減少天然土石資源的使用，降低工程原料在運輸途中的碳排放量，讓資源循環利用，是臺中市政府致力於永續環境及節能減碳的具體表現之一。而媒合焚化爐底渣再生利用於公共工程，是技佳協助公部門推動永續發展的另一個項目。

　　廖君庸提到，近年來技佳積極媒合焚化爐底渣，再利用於控制性低強度回填料（Controlled Low Strength Material, CLSM）、管溝、道路填築、磚品、水泥生料、掩埋場覆土等公共工程，在不

影響環境及工程品質的狀況下，鼓勵公共工程單位使用焚化再生粒料，節省成本與天然砂石資源的開採，也能解決國內底渣倒在農地或是魚塘的情形。

## 廢棄物也能變成資源

　　早期焚化爐底渣是委託民間業者進行篩分，處理製成焚化再生粒料，嚴格管制後，可應用於工程或產品原料，並追蹤其使用用途、數量及來源，以求良好品質之再生粒料被妥善利用。

　　「在砂石比較貴的時候很多人要，但砂石便宜時就乏人問津，最後竟然還亂丟亂倒，」廖君庸舉例，2016 年有人將超過 20 萬公噸的底渣非法棄置在臺南市安南區的魚塭地，當時曾掀起軒然大波。

　　後來環保署認為底渣可做為再生、永續材料，制定「垃圾焚化廠焚化底渣再利用管理方式」標準，以循環經濟觀點出發，推廣焚化底渣再生粒料應用，讓廢棄物成為資源，增加底渣去化的管道。

　　目前全臺多數焚化爐產生的底渣，都是由技佳協助宣導、推

---

 **SDGs、ESG 實踐心法**

研發智慧環境管理科技及加速產業數位轉型，持續創新作為強化產業體系，共創價值。

---

動、媒合、管理、監督、採樣及驗證。邱俊祥提到，根據最新研究顯示，使用底渣取代天然粒料，1 公噸用料大概能減少 0.017 公斤的二氧化碳。臺灣共有二十四座焚化廠，每年會產生約 90 萬公噸的底渣，若這些底渣都能夠取代天然粒料，不但能大幅減少碳排放量，也能達到資源再利用的永續目標。而技佳除了負責監督、輔導底渣處理成再生粒料的過程，也會代替各地環保局媒合工程單位或者水泥預拌混凝土場等。近年來，焚化爐底渣被非法棄置的案子大幅減少，讓技佳的同仁們感到十分有成就感。

## 智慧科技，布局未來永續競爭力

在協助公部門邁向永續發展的路途中，邱俊祥強調，技佳運用智慧科技達到稽查或管理的目標。譬如，有業者埋管線做偷排用途，為了找到管線，技佳使用非破壞性的透地雷達，研判管線位置再將其移除；又或者，監測廢水偷排時，先使用管內攝影機或追蹤器，確定狀況再進行蹲點埋伏；監測廢棄物時，則運用空拍機及雷射量測，測量廢棄物體積大小。諸如此類的科技運用，都有助於更有效率地達到稽查及管理目標。

自 2022 年起，技佳與人工智慧系統業者合作，以先進技術管理智慧掩埋場，讓人工智慧幫忙進行廠區管理。譬如，屏東底渣廠管理導入人工智慧監控系統，發生噴煙或亂排等異常情形時，系統會自動傳訊，人員可以收到訊號後才動作，減少不必要的人力浪費、提高工作效率。

至於談到技佳的永續發展目標時，廖君庸說：「顧問管理業是協助人的行業，我們的核心是人。」雖然產出的成果大多歸功於業主，但做為幕後推手的技佳，仍因此感到極大的成就感與使命感。

廖君庸也分享，就公司本身而言，永續發展目標會著重在公司治理跟勞雇關係改善，透過提供員工薪酬成長，降低流動率，提升員工對公司的認同感，進而更積極爭取計畫專案，讓公司持續成長。

此外，在專業能力上，技佳也將持續在廢棄物管理與廢污水管理兩大循環經濟領域發展，廖君庸坦言，以臺灣的技術來說，這兩大領域還有很大的成長空間，應該站在既有的基礎上繼續精進，譬如，石棉、營建等廢棄物循環再利用；加大力道處理畜牧廢水；投入生活污水回收再利用等工作。技佳將以更敏感的嗅覺，配合政府政策推動，替綠色環境盡一份心力。

廖君庸也觀察，未來政府將加大力道，推動降低「海洋污染」等相關議題，而技佳也將一本初心，繼續發揮媒合的力量，協助具備海廢回收再利用技術的廠商，進行異業合作，「從廢棄漁網開始，引領農漁業朝向零廢棄、綠色循環再利用的食物鏈目標邁進。」（文／翁瑞祐、攝影／黃鼎翔）

**思維環境科技**

# 建構空品感測平台，
# 做環境管理先鋒

空氣污染來源多，從馬路上的機車排氣、工業區工廠的煙囪排放到農民在稻田裡燃燒稻草都是，防制並不容易。唯有透過科技的力量，積極掌控監測、溝通討論，才能讓臺中的空氣變得更好。

　　清晨，城市開始清醒，通勤族開車、騎機車準備上班上學，工業區內的機器開始運作，貨車啟動一天的送貨運輸行程，種種每天上演的生活景象，看似稀鬆平常，卻攸關著全球氣候變遷以及臺灣目前面臨的迫切挑戰。2015 年我國訂定《溫室氣體減量及管理法》，是國際上少數將國家長期減量目標入法的國家。時隔八年，2023 年 1 月立法院修法三讀通過為《氣候變遷因應法》，明定在 2050 年達成溫室氣體淨零碳排，宣告臺灣加入全球氣候行動的行列。

　　空氣污染一直是國家及城市治理的重要議題，這幾年臺中市為了打造幸福宜居城市，推動「藍天白雲行動計畫」，正是針對空氣三大污染源：固定（如工廠煙囪排放）、移動（主要為汽機車）、逸散（如露天燃燒），所制定出的污染防制策略，希望能藉此改善臺中市的空氣品質。

思維環境科技總經理江嘉凌（左四）表示，公司像是地方政府環保局的幕僚，會依據城市特色及在地需求，提出相關的服務與規劃。

2007 年於臺中成立的思維環境科技有限公司，一直是從旁協助政府單位落實政策的執行者。兼具環境醫學、公共衛生、環境工程背景的思維環境科技總經理江嘉凌形容：「思維像是地方政府環保局的幕僚，主要技術以監控空氣品質為主，服務對象包括臺中市、新竹市、苗栗縣、彰化縣，以及嘉義縣市等環保局。」思維環境科技會依據城市特色及在地需求，提出相關的服務與規劃，進一步研發專案資訊系統技術與產品。

　　思維環境科技首次與臺中市政府合作，是協助臺中市環保局執行「友善公廁計畫」，自此培養出合作默契。這幾年憑藉著「機車污染 AI 車牌辨識系統」與「空品感測器數據中心」平台，在 2022 年協助臺中市拿下「2022 全球智慧 50 大獎」（2022 Smart 50 Awards）、「亞太暨台灣永續行動獎」雙料金級獎，無疑是對思維環境科技的另一種肯定。

## 自許環保先鋒

　　自許扮演「環境管理先鋒」的思維環境科技，辦公室一樓即擺設各種監測空品相關儀器，專精於環境管理規劃與推動、專案資訊系統開發與應用、環保污染防制相關諮詢及宣導，以及形象改造策略規劃與執行。

　　江嘉凌回想 2007 年執行友善公廁計畫時，工作人員常需要拿著一張張表單四處巡檢，有時遇上下雨天表單就會淋濕。為了解決同仁們的困擾，開始發展數位系統，利用 PDA 鍵入表單資料，再把資

成立時間：2007 年

員工人數：約 60 人

董事長：林郁庭

總經理：江嘉凌

與臺中市環保局首創將車牌辨識系統結合自動判煙技術，

建置「機車污染 AI 車牌辨識系統」，於市區運行

料輸到電腦，改善工作流程與模式，算是計畫中首次導入無紙化及數據化。

感受到數位化帶來的好處之後，至此，思維環境科技一步步提升公司數位化及系統化的能力。

思維環境科技業務副總經理黃致霖談及，2014 年執行臺中市環保局輔導老舊機車汰除及申請案件。當時環保局的做法是：民眾寄送申請文件至市政府收發室，堆積如山的文件，每一案至少都有十二到十五張申請資料及證件影本，由於政府文件必須歸檔儲存，經年累月好幾卡車的資料，占用儲存空間，民眾也要花時間寄送或親送。

為此，思維環境科技建議臺中市環保局改為線上申請，2017 年便開發出全國首創的「全面線上雲端申請系統」，節省紙張油墨、便民，個資也能安全保存，日後查找資料更方便，臺中市政府也因此獲得政府廉能獎。

江嘉凌解釋:「公司建立每套系統都有其原由,必定是要解決工作流程上的困擾與不便,才會投入研發資源,先利他,之後一定會利己,尤其我們的合作夥伴都是公部門,解決客戶的難題,也是解決我們自己的問題。」

## 百萬機車通勤族,空污緩步增加

另外一個案例,則是執行臺中市政府為維護空氣品質採取不定期路邊攔檢,以及高污染車輛排煙檢測管制措施的稽查工作。

根據環保署公布的臺灣空氣污染物排放量清冊(Taiwan Emission Data System, TEDS)顯示,移動污染源占臺中市$PM_{2.5}$總排放量達 37%,這讓臺中市環保局思考如何針對移動污染源進行有效管制。

臺中市環保局空氣品質及噪音管制科推估,全臺灣約有 1,426 萬的機車,臺中市機車數量約有 181 萬輛,全臺排名第三,但臺中市有外來人口,居民人數也逐年上升,未設籍臺中市或跨境移動的機車可能更多,推估至少超過 200 萬輛,移動污染源勢必增加。

為了降低環境污染,各縣市政府的環保局開始採用「車牌辨識系統」,藉由影像拍攝車牌號碼,比對環保署機車排氣定期檢驗資料庫,確認車輛是否已完成當年度排氣檢驗。

以臺中市政府來說,面對近 200 萬輛機車大軍,加上會冒白煙、所謂「烏賊車」陳情案件有增多趨勢,即使環保署並未明確規定機車青白煙的排放標準,在力求減少空污的目標下,臺中市環保局還

## 機車廢氣排放量高於汽車

　　或許很多人不知道，機車每行駛一公里的廢氣排放量是汽車的三至四倍，這些廢氣不只是$PM_{2.5}$，還包括非甲烷碳氫（NMHC）化合物、碳氫化合物（HC）、一氧化碳（CO）及鉛等物質排放，其中揮發性有機碳氫化合物就如同石化工業區或加油站的廢氣，是大氣環境中臭氧生成的主因，對環境或民眾健康具有一定的影響。

　　其中，二行程機車因引擎具混燒機油特性，排放的廢氣包含大量燃燒不完全的機油，形成青白煙，因此二行程機車碳氫化合物的排放濃度約為四行程機車的二十倍，一氧化碳約是四行程機車的兩倍，$PM_{2.5}$排放量約為四行程機車五倍。

是希望只要發現機車排氣有冒青白煙、造成空氣污染的疑慮，不管有無定期檢查，都要通知車主到場檢測，而且由被動接受檢舉改為主動出擊稽查，並希望從人工稽查轉為科技執法。

思維環境科技技術副總經理鐘文舜分享：「我們一路參與環保局的稽查工作，對於第一線人員所面臨的辛苦十分有感。早期為了拍照或錄影舉證，稽查人員須兩人一組，一個負責騎車追烏賊車，一個在後座負責拍照，有時甚至為了調整角度而重心不穩造成危險，也免不了面對民眾的質疑和不滿情緒，工作過程充滿風險。」因此，臺中市環保局與思維環境科技共同思索，既然可以做到車牌辨識取代人力追速拍照，那是否有可能同時拍到機車排煙進行舉證，再通知車主改善？

## 首創「機車污染 AI 車牌辨識系統」

2020 年 7 月，思維環境科技與臺中市環保局首創將車牌辨識系統結合自動判煙技術，初步建置「機車污染 AI 車牌辨識系統」，於市區四至六個點先試辦運行，執行效果不錯。2021 年擴大增加架設點位，於轄內交通要道或汽機車密集地點，包含臺灣大道、文心路、中清路、國光路、北屯路等二十二處架設影像監控設備。

別小看這一台架於機車道旁的機箱，上頭裝有影像感測器，可糾舉未完成定檢的機車，還導入人工智慧判煙技術，能將有排煙污染之虞的烏賊車輛影像，藉由 4G 無線網路傳輸至雲端機房進行自動採樣比對，甚至執行後續追蹤管制通知作業，加速汰除臺中市使用

思維環境科技與臺中市環保局合作，在轄內行政區建置空品感測器，以便即時掌握空氣品質及污染源。

中的高污染機車。

　　臺中市環保局表示，一旦被檢出超標，就會要求車主限期改善，之後還必須再回來檢測，如此一來，即可激發民眾想乾脆汰換老舊機車的動機。

　　根據統計，透過科技執法執行稽查管制，搭配老舊機車汰舊補助政策方案，2021 年臺中市應定檢機車數為 119 萬 3,452 輛，完成定檢機車數為 98 萬 6,962 輛，年度定檢率達 82.7%，六都排名首次躍居第一；且成功汰除一至四期老舊機車共計 6 萬 931 輛，相當於減少

思維環境科技的主要技術以監控空氣品質為主，期望能幫助提升全臺的空氣品質。

$PM_{2.5}$ 年排放量 8.8 公噸、$CO_2$ 年排放量 2 萬 154.2 公噸，有助提升臺中市空氣品質。

這套機車污染 AI 車牌辨識系統，也獲得「亞太永續行動獎」銀獎、「台灣永續行動獎」銅獎殊榮，入選「2022 全球智慧 50 大獎」智慧城市科技應用獎。

鐘文舜表示，在 2022 全球智慧 50 大獎的各國參賽作品中，機車污染 AI 車牌辨識系統在全球空污議題上十分特殊，在以機車為主要交通工具的亞洲市場，如越南、印尼、印度皆可運用，藉此管控空污問題，減少對環境的有害影響，也符合聯合國訂定的永續發展目標「確保及促進各年齡層健康生活與福祉」項目。

臺中市運用機車污染 AI 車牌辨識系統的成果，也讓其他縣市感興趣，但江嘉凌說：「技術發展雖成熟，系統也建立起來，但運用上還是得因地制宜，無法直接套用。」主要是因為每座城市空污樣貌不同，需透過訪談，才能進一步評估及規劃。

臺中市的經驗是，光 2020 年 7 月至 2021 年 12 月，機車污染 AI 車牌辨識系統就能累積超過 280 萬張、30% 以上不透光率的機車照片，有足夠的數據讓人工智慧電腦學習，達到判煙率 94.97% 的成果，「如果其他城市樣本數不足，貿然引進系統，不但浪費資源，成效也會不如預期，」江嘉凌提醒。

**累積前線經驗值，稽查模式不斷進化**

在固定污染源及逸散污染源的稽查方面，早期也是接受 1999 民

思維環境科技的產品朝國產化方向邁進。　運用空拍機和感測器，偵測出可能發生
　　　　　　　　　　　　　　　　　污染的區域。

眾陳情，突發情況不斷發生，便嘗試用科技手段來解決問題，將傳
統稽查模式逐年進化。

　　譬如，曾接獲民眾陳情農民在稻田裡燒稻草，稽查人員一到，
竟被農民拿著鐮刀追趕，或者農民利用非上班時間燃燒，抓都抓不
到。因此，思維環境科技使用空拍機結合地籍圖定位，進行露天燃
燒拍照，找到熱區後，再進行宣導改善空污。

　　針對空污固定源，早期中部科學園區異味陳情嚴重，但等民眾
打電話檢舉後，派員前往現場蒐集空氣樣本，根本緩不濟急，於是
思維環境科技改變方式，先和熱區周邊民眾進行訪談，請他們聞到
異味時，直接打開思維環境科技提供的不鏽鋼採樣筒採樣，再通知
回收送檢，稽查人員能依此進行宣導要求改善，果然，隔月陳情狀
況下降。

　　不過，民眾往往憑感覺認為有異味，有時難免會產生味覺暫留

的錯覺，與其仰賴民眾，不如思考如何透過感測器，偵測揮發性有機物質，當數值偏高時，就能自動採樣。

因此，思維環境科技研發出自動採樣設備：不鏽鋼採樣筒及採樣袋，內建不斷電系統，具有九種感測項目，當空氣中有高值發生，便會觸發系統執行空氣採樣，保留當下證據，進一步追蹤工廠排放污染。另外，積極開發「工廠煙囪判煙」技術，鎖定疑似污染工廠，透過攝影機畫面監控，當工廠煙囪有異常排煙時，透過判煙技術可以掌握工廠污染證據。

江嘉凌認為，思維環境科技之所以能夠一直提供創新服務，來自於經年累月在第一線所累積出來的經驗值，加上適時運用科技工具，改變傳統工作模式。

## 臺中市加碼建置空氣品質感測器

不論移動源、固定源或是逸散源的空氣污染，想要勾勒出城市空污的真實樣貌，還需要藉由布建「空氣品質感測器」，由點、線、面構成綿密空氣品質監測網。雖然環保署在臺灣各地建置國家級監

 **SDGs、ESG 實踐心法**

累積前線經驗值，運用科技工具，成為環境管理先鋒。

測站，觀測範圍廣、資訊精確，但分布密度低、約一小時才回傳一次資料，較難追蹤空氣污染來源。

臺中市環保局環境檢驗科表示，為了市民健康，必須即時掌握生活空氣品質，相較於環保署建置的空品監測設備，成本低、體積小，可彈性建置的微型空品感測器便十分適合。

微型空品感測器著重在偵測$PM_{2.5}$，而且每分鐘可傳回一筆資料，即時掌握空氣品質變化，還能藉由大數據統計，偵察到可能的污染熱區及熱區內可疑熱點，進一步限縮污染源，提供相關單位進行查核。2017 年以來，臺中市環保局即配合環保署規劃的空品監測階層式架構，在主要交通要道的車流熱區、民生敏感族群社區與工業區等潛在污染熱區周邊，加碼布建微型空品感測器。

不過，分別在 2017 年、2019 年及 2020 年所建置的微型空品感測器，由於配合的廠商不同，使用的感測元件廠牌也不一樣，導致無法有效整合數據，進一步應用、建立校正公式，也無法通過環保署要求符合「空品微型感測裝置資安標準」。

於是，2021 年臺中市環保局與思維環境科技共同推動空品微型感測器國產化，這批通過資安認證的環保空品感測器，導入工研院技術轉移的 $PM_{2.5}$ 感測元件，從設計、製造到生產都在臺灣，也通過環保署驗證，以及與國家標準檢測站一致性比對，順利成為全國第一批通過資安第二級檢測的國產空品感測器。

如今，臺中市政府於轄區二十九個行政區，建置 1,411 台空品感測器，涵蓋布建率達 100%，論數量及涵蓋率皆是全國之冠。思維環境科技更結合大數據與人工智慧運用技術，架構出臺中市的「空品

感測器數據中心」物聯網平台，整合空品感測器數據、測站氣象資料、臺中市內工廠資料，運用視覺化呈現感測器數據趨勢、大數據分析統計功能，由專家針對各工業區特性，制定告警值及 LINE 告警推播系統，使稽查單位能掌握即時空氣品質，有效查獲不法排放廢氣工廠，而 2021 年至 2022 年輔助臺中市環保局智慧執法六十六件，裁處金額達約一千八百餘萬元。

這項空品感測器數據中心物聯網平台技術，也獲得「2022 全球智慧 50 大獎」、「亞太暨台灣永續行動獎」雙料金級獎、「2022 雲端物聯網創新獎」優良應用獎、「2023 全球智慧城市聯盟獎」（2023 GO SMART Award）等國內外五項得獎紀錄。

## 由內而外，推動永續

對於臺灣未來邁向 2050 淨零目標，江嘉凌認為，人類社會持續性的經濟活動，必然會產生溫室氣體及各種污染，碳排及污染不可能是零，只能盡量減低到符合國際及國家法律標準。

做為協助公部門落實環保政策的思維環境科技，雖屬中小企業，也以身作則，在內部推動各項永續環境措施，包括使用 LED 節能燈具、減少使用一次性餐具、垃圾分類、廚餘回收、資源回收再利用等等，公司還配置電動機車供員工外出巡查、通勤代步之用。

江嘉凌認為，邁向永續環境，大至國家、城市，小至公司及個人，都必須落實平時節能減碳習慣，從小處做起、身體力行，將累積出環境保護的最大效能。（文／林春旭、攝影／胡景南）

## 振興發科技

# 運用智慧系統，
# 建構環保城市

隨著科技不斷進步，對於城市裡無時無刻的環境污染，環保單位不再只是被動接受陳情，而是透過多元化的環境監控系統、各項地理圖資的串聯、物聯網運用，打造出智慧環保網。

---

真人真事改編的好萊塢電影《永不妥協》中，女星茱莉亞羅勃茲飾演的女主角艾琳‧布洛科維琪（Erin Brockovich），因發現美國太平洋瓦電公司（PG&E）製造工程時，使用對人體有害的六價鉻，流進加州辛克利居民賴以為生的地下水，導致居民罹癌比例高，於是開始展開一連串與大鯨魚對抗的故事，過程高潮迭起，深植人心。

常被形容是臺灣版《永不妥協》，1994 年在桃園暴發的美國無線電公司（RCA）污染事件，則是因為美國無線電公司長期挖井傾倒有機溶劑等有毒廢料，使得廠區土壤及地下水遭受嚴重污染，導致超過千人罹癌，被視為臺灣環境史上最嚴重的工業污染案件。

振興發科技總經理胡令賽說：「臺灣早期的環境議題，主要與水和土壤污染有關，特別是水污染，無論是河川、湖泊或者地下水，若受到污染，人類健康就會產生問題。」

振興發科技總經理胡令賽（左三）和副總經理林明弘（右二）表示，公司致力於
臺灣的環境保護領域，主要協助公部門制定環保相關政策。

所以，工廠廢棄物該如何處理？內含哪些有害人體的毒素？該如何進行不同等級的廢棄物管制？都是必須嚴肅面對的環保議題，但其中最關鍵的還是在於如何掌握污染源。

## 污染陳情溯源，保障民眾健康

　　1991 年成立的振興發科技，是一家跨領域整合環保與資訊專業的顧問公司，主要協助公部門制定環保相關政策及法令，對於毒化物、廢水、空污、噪音等不同領域的環境污染事務相當熟悉，可以說隨著臺灣環境保護歷程不斷提升服務內容。

　　「一開始振興發就是在做環保署的民眾陳情系統，」胡令賽表示，民眾陳情系統是最先發現污染問題、進而溯源的重要關鍵。

　　幾乎所有環保行動的展開，都是從關注民眾健康開始，接著才會擴大至國土保育，而藉由民眾眼、耳、鼻描述污染，抽絲剝繭，才能快速找到污染源，畢竟這些有害物質，對於身體敏感族群如老人、小孩、孕婦影響很大，長期下來可能造成人體基因突變。

　　因此，從接受陳情的第一線開始，振興發科技慢慢發展到協助公部門制定永續環境的法令，保障民眾生活品質與身體健康。正符合永續發展目標中「大幅減少危險化學物質、空氣污染、水污染、土壤污染以及其他污染造成的死亡及疾病人數」，以及「根據國際協議的框架，在化學品與廢棄物的生命週期中，以對環境無害的方式妥善管理，並大幅減少其排入大氣、滲漏至水和土壤中的機率，降低對人類健康和環境的負面影響」項目。

成立時間：1991 年

員工人數：約 60 人

總經理：胡令賽

與臺中市環保局合作建構「智慧環境監控系統」，

雲端監控工業區、露天燃燒熱區等排煙狀況

過去，民眾陳情系統必須透過電話或傳真，隨著網際網路發展，加入網路受理方式，如今更增加APP陳情管道，多元化的方式更加方便。

## 從事後處理轉為事前預警

振興發科技協助環保署，在各縣市成立報案中心，建置電腦網路系統，透過地方政府環保局連線整合資料，觀察出哪個縣市陳情案件多、密度高，這些案件分別屬於水、空（氣）、廢（棄物）、毒（物）哪一類，透過數據分析，找到趨勢，再慢慢著手改善，化被動為主動，從事後處理變成事前預警。

譬如廢棄物運送和處理問題，二十多年前，根本無法全程掌握事業廢棄物清運車輛的行蹤，有時環保稽查單位只能派員陪同或尾隨跟車，但畢竟時間、人力有限，無法做到完整全面。

2001 年，環保署為了掌握事業廢棄物清運流向，避免不肖業

胡令賽（右一）和林明弘（右二）表示，公司團隊擅長整合數據與空間資訊，並進行判讀，以協助客戶建置環境智能決策系統。

者隨意傾倒，開始列管負責清運廢棄物的車輛，要求在車上裝置全球衛星定位系統，便是和振興發科技合作的專案。每當清運車出車時，透過衛星定位系統，能回傳運送軌跡，全程掌握車輛行蹤。

　　另外，環保署為了防止不肖業者在特定區域亂倒，造成不可回復的生態浩劫，也在重要區域例如水源保護區，或是經常發生非法傾倒的熱區建置電子圍籬，一旦有裝置衛星定位系統的清運車非法進入，就會發出警訊，這樣才能在業者亂倒或非法掩埋廢棄物之前，掌握行蹤，進一步處置。

近年來與 $PM_{2.5}$ 相關的空污議題愈來愈受民眾重視，如何提升空氣品質，則成為城市治理者不能不面對的重要課題。

以臺中市來說，轄內工業區多，又有火力發電廠，空污防制一直都是環保局的重點工作，不過空污卻也是最難處理的議題。一來廢氣會隨著大氣流動擴散，即使民眾看到後舉報，也只限於看得到的「黑煙」，看不見的「髒東西」或許早就逸散在空氣中；其次，稽查人員接收通報後出發抵達現場，廢氣早已消散，民眾只能抱怨來得太晚。

對此，臺中市環保局稽查大隊思考如何能提前得知空污發生，甚至在陳情電話響起之前，稽查人員早已出發至現場處理。

## 掌控熱區非法排煙

2020 年振興發科技與臺中市環保局合作，建構「智慧環境監控系統」，藉由在臺中市五處工業區、一處露天燃燒熱區及兩處廣域性監控區域，架設十八支雲端影像監控設備，用鏡頭代替人眼，將影像即時回傳至智慧環境監控系統，再以人工智慧進行排煙影像判讀，如有異常，便會在臺中市環保局報案中心的螢幕跳出畫面紅框，並發出警示音，推播到相關人員的 LINE 群組，稽查人員便可提早掌握狀況，判定是否立即出動處理。這套系統也讓臺中市環保局獲得 2021 年智慧城市創新應用獎的肯定。

振興發科技副總經理林明弘進一步說明，臺中市是全國第一個以即時影像判煙並建立預警機制的城市，而裝設在雲端影像監控

臺中市是全國第一個以即時影像判煙並建立預警機制的城市。

設備上的球狀鏡頭，每一分鐘一次、以三百六十度巡弋方式，平均每個監測設備觀測到五個場景，以一個場景看到三根煙囪計算，就代表一個鏡頭可以鎖定十五支無人看管的煙囪，增加監測範圍及廣度，還能二十四小時運轉，不論工廠何時偷排煙，或是有人半夜露天燃燒，都會被偵測出來，除了發出即時警示訊息告知臺中市環保局外，全時錄影也變成有效的舉證證據。

　　根據臺中市環保局統計，系統自 2020 年 10 月上線至 2022 年 12 月止，共偵測到 77 件異常排放情事，經現場稽查，違規屬實裁罰

十二件，共計裁罰近六百二十四萬元，涉及刑責移送一件。

## 用科技進行污染防制

這套系統也成功對業者產生壓力，提醒他們裝設預警設備，審視工廠製程，是否哪裡出了問題，藉由科技之力做好污染防制，為環境盡一份心力。但系統在第一年試辦時，遭遇到技術困難。

根據環保法令，固定與移動污染源所排出的廢氣，包括氣態、液態及固態，大部分都會阻擋光線的穿透，所以判定廢氣是否合乎規定，要用煙的不透光率進行判斷，白煙需要管制，水蒸氣則不用。

但實務上，工廠排出水蒸氣，或同時排出白煙及水蒸氣時，常會導致電腦誤判，所以，振興發科技必須教人工智慧懂得識別白煙和水蒸氣。林明弘說：「最近我們已經找出辨識白煙和水蒸氣的方式，並將研究結果交給 AI 學習，同時要給 AI 更多照片、影片及數據，樣本數愈豐富，精準度就愈高。」

胡令賽認為，振興發科技之所以能與公部門持續保持合作，主要是因為公司重視數據累積，擅長將數據與空間資訊整合並判讀，

 **SDGs、ESG 實踐心法**

建構環境智能系統，降低城市污染源。

協助客戶建置環境智能決策系統。

如今，臺中、高雄、雲林都已架設城市的地理資訊系統（GIS），除了有一般地圖功能之外，還包含不同用途圖層，譬如空氣品質監測站、氣象資料、列管中的固定污染源所在地等等，都整合在這套系統中，有助於公部門決策時的判斷。

## 環境物聯網打造智慧城市

舉例來說，之前臺中市環保局曾有一早接到好幾件民眾陳情，反應聞到空氣中瀰漫一股不明的刺鼻醋酸味，依照陳情時間與地點，依序於系統上展點，對應當天氣象資料回溯，判定異味是從臺中港區上風處一路飄下來，接著劃出可疑熱區，對比該區工廠資料，再加入風速、風向等因素，彷彿警察辦案般，將線索縮小範圍至四、五家工廠。

長久以來，臺中市環保局對於哪家工廠生產的產品、製程產物、會使用哪些有毒物品，都能清楚掌握，有了地理資訊系統之後，這些資料可以快速經過整合，判定哪些工廠有酸製程，進而實際稽查，當天馬上抓到違規業者，並裁罰一百萬元。

智慧化物聯網在環保議題上的應用，十分廣泛。

振興發科技與環保署合作的「空氣污染源調查技術精進及支援計畫」，便是透過蒐集環境感測資料，以雲端串聯虛擬及實體介面，在後端平台上呈現出相關數值，結合大數據分析，發展更多智慧化應用，譬如追蹤高污染傳輸路徑、分析並掌握污染熱區，以智能監

振興發科技採用即時影像搭配人工智慧，辨識不同場景的污染型態。

雲端影像監控設備上的球狀鏡頭，二十四小時運轉，幾乎任何排煙污染都會被偵測出來。

控攝影機鎖定污染排放問題並搭配科技執法，藉此實現智慧城市治理的終極目標。

另外，林明弘也提到 2014 年發生的高雄氣爆事件，當時造成嚴重災害，有了前車之鑑，高雄市運用科技工具，建立地下管線系統，只要透過手機，就能知道管線分布狀況及分屬哪些公司，一旦發生氣體外洩事件，便可立刻打電話通知各家公司工安人員，立即切斷管線，避免悲劇再度上演。

由於振興發科技是一家持續運用科技滿足客戶需求的公司，須

隨時掌握最新研發趨勢，因此公司內部十分重視員工教育訓練，鼓勵在職進修，提升自我專業知識，公司也實施彈性上下班政策，讓員工同時兼顧家庭與工作，並提供育兒補助，希望員工能安居樂業。

面對 2050 淨零目標，胡令賽認為「源頭減量」是關鍵，從目前臺灣碳排趨勢來看，移動污染源的碳排量已經逐漸超過固定污染源，世界衛生組織更將柴油廢氣列為一級致癌物。

## 取得最佳平衡，往共好邁進

以臺中市來說，是工商業大城，大型柴油車往來頻繁，特別是在臺中港區，十分適合以智慧環境監控系統進行自動化管制。每年有高達四百多萬輛次大型柴油車進出的臺中港，成為臺中市大型柴油車車流量最大的地區，因此，臺中市環保局在 2021 年 10 月 27 日公告臺中港為空氣品質維護區，也計劃在 2023 年 9 月 23 日正式執行移動污染源相關管制措施，未來就可透過自動化車牌辨識系統進行管制，提醒車主定期排氣檢驗，輔導進行污染改善，以有效減緩空氣品質維護區及周邊的環境負荷，保障民眾健康。

目前，政府推出隨油徵收空污基金的政策，同時大力挹注汰舊換新補助，希望業者即使無法使用電動車，至少能夠汰換到五期或六期碳排較少的柴油車，甚至歐盟也即將在 2025 年實施柴油車七期標準。未來，如何在經濟、環境與人民健康之間取得最佳平衡，引領城市與國家邁向與地球共榮共好之路，將會是政策制定者必須思考面對的重要課題。（文／林春旭、攝影／黃鼎翔）

## 晶淨科技

# 以科技巧思處理廢棄物，實踐 ESG

無人維護看管的公、私有土地上，時而有不肖業者非法傾倒事業廢棄物，造成污染。晶淨科技導入人工智慧、無人飛行載具等工具，精確找出非法廢棄物所在地，為環境永續發展把關。

2001 年成立的晶淨科技，創辦人暨總經理鄭宏德擁有環工技師背景，將其定位以研擬環保法規及政策、開發污染防制技術及實廠工程規劃設計為主要業務；尤其專精在廢棄物管理、處理及資源化等相關領域。導入科技工具以及代理國外土壤污染整治、廢棄物處理及資源化的先進技術和設備，協助客戶解決痛點、滿足其需求。

從客戶類型來看，除了一般企業之外，晶淨科技的業務範圍大多鎖定公部門，特別是公務單位執行事業廢棄物流向管制，或非法棄置場址的調查及追蹤。

有些業者因為事業廢棄物量多，若交給清除處理業者，所需費用很高，便鋌而走險，偷偷載到荒山野嶺傾倒，甚至租地掩埋。這些未經處理的廢棄物，大多都包含有害環境或人體的化學物質，隨意掩埋或傾倒不僅會破壞生態環境，也可能對附近居民產生危害，

晶淨科技總經理鄭宏德（前方站立者）認為，健全公司體質、塑造優良企業形象，
是落實永續經營的最佳方式。

因此必須積極管理。

然而，無論是取締開罰，或者勒令業者清除處理，都得先找出廢棄物掩埋地，鄭宏德說：「通常這些地點都位處荒郊野地，沒有明顯道路，行進不易；或者歸屬私人產業，四周築起高牆，不能隨意進入，此時就會運用科技工具協助。」

## 智慧科技，提高稽查正確度

鄭宏德以執行臺中市環保局事業廢棄物流向管制一案為例，晶淨科技需先申請取得環保局核發的稽查許可證，才能前往稽查，但即使師出有名，事前仍需充分掌握稽查場址現況，以免無功而返。

依據過去經驗，不少業者會沿著河岸或河谷偷倒事業廢棄物，丟置場地愈偏僻愈好，遇上這樣的狀況，出動人力稽查存在著可能的危險性。「無法靠近場址了解全貌時，怎麼辦？」鄭宏德說，此時，出動無人飛行載具（UAV）遙測協助最有效益。

晶淨科技與中華民國航空測量及遙感探測學會（簡稱航測學會）策略聯盟，運用無人飛行載具飛行高度低且操作靈活等優點，適用於小區域環境或土地監測與測繪，來協助勘查可能埋有廢棄物的場址。鄭宏德指出：「不論廢棄物被堆置於地表或掩埋於地下，UAV 皆可估算量體大小體積，完整呈現棄置情況。」之後晶淨科技再根據監測狀況，進行初步污染潛勢評估，回報臺中市環保局後再行管制與移除，清除任何可能對環境造成污染的威脅。

晶淨科技也與工研院合作，運用人工智慧判讀清除廢棄物的車

成立時間：2001 年

員工人數：約 100 人

總經理：鄭宏德

協助臺中市政府及企業管制事業廢棄物處理，

避免非法傾倒

輛全球衛星定位系統軌跡。鄭宏德解釋，業者清運車輛需事先上網申報，且載運廢棄物時，也會有完整全球衛星定位系統軌跡紀錄，但申報筆數太多時，人工恐怕無法做到很好的判斷，因此使用人工智慧工具來判讀軌跡。

除了正常的運輸距離路徑之外，若車輛前往非原定去處，且非車輛清除路徑時，極有非法傾倒的可能性。遇此情況，晶淨科技會將可疑區域匡列出來，提報給環保局，再出動無人飛行載具持續監測是否真有傾倒行為？即使沒有，也要就匡列區域進行管制與示警。

正因公司定位在提供環保、能源等相關解決方案等服務，晶淨科技也關注公益，善盡企業社會責任，尤其是 2015 年，聯合國宣布2030 永續發展目標，乃至於近年來企業高層重視環境保護、社會共融及公司治理等相關議題，晶淨科技更深切感受到這股不可逆的世界趨勢，雖非大型或上市櫃企業，仍積極致力永續經營；自許成為業主、客戶的最強後盾，協助業主、客戶達成永續發展目標。

「不管是SDGs或是ESG，對企業本身的競爭力是有幫助的，」

鄭宏德說，「對類似晶淨科技這種顧問公司來說，我們沒有廠房、沒有生產機具、沒有產品，最大的生產動力就是『員工』，因此，把員工照顧好，善盡社會責任，吸引更多好人才，降低流動率，不但有助於健全公司體質、塑造優良企業的形象，也是落實永續經營的最佳方式。」目前，晶淨科技除了臺北、臺中兩大辦公室之外，也會根據業務需求派遣駐點人員，在基隆、宜蘭、花蓮、金門等縣市都有辦公室，最高紀錄曾在包括離島的全國九縣市設立辦公室，給予員工踏實的後援。

晶淨科技福利佳、制度完善，是讓員工們感到踏實的最佳後盾。

近年來，晶淨科技因持續擴展逐漸走向集團化，便同步設置福利委員會，由公司申請獨立帳戶提撥福利金，做為員工聚餐、國內外旅遊以及人生大事祝賀之用；集團化之後，則更加強管理政策完備與員工教育訓練。

此外，因顧問工作性質，偶爾需要即時協助客戶解決問題，免不了得加班，加上曾傳聞業界有過勞死的前例，讓晶淨科技從成立之初就格外重視管控員工加班狀況，並給予補假，定期安排員工健檢，希望照顧員工健康，進而維繫幸福的家庭生活。

## 以人為本，落實永續發展目標

晶淨科技經理李佩雯表示：「公司內部設有示警機制，若發現員工工時瀕臨《勞動基準法》規範每週時數限制時，即由直屬主管主動審視工作分配或人員協調，這也是每月主管會議上定期檢視的重要項目。」

因應科技進展日新月異，顧問公司也必須與時俱進地吸收最新資訊、掌握趨勢，才能提供客戶最專業的服務。因此，晶淨科技員工可視工作需要，自行提出教育訓練計畫，由公司補貼相關訓練及證照取得的費用。

鄭宏德表示，創立晶淨科技至今二十多年，公司每年調薪，即使大環境景氣低迷也不例外，未來也將繼續維持，「這可是令我十分自豪的一點，」他笑說，這幾年還增設績效獎金制度，在年終獎金之外，每年 4、5 月間會列出前一年績效優異專案，從利潤中提撥績效

獎金給予有功員工，同享成果。

「晶淨科技的好福利可不是自己說了算，我曾經在臺中辦公室與同仁閒聊，同仁分享晶淨的薪酬在臺中在地企業中，被認為是數一數二的好，水幫魚、魚幫水，人才是很重要的，」鄭宏德堅信，把員工的薪酬福利健康照顧好，提供有用的教育訓練，自然而然也能提升員工的向心力。

在公司治理方面，晶淨科技在 2018 年導入 ISO 9000 品質管理系統與 ISO 14000 環境管理系統等兩項國際標準驗證，其中 ISO 9000 可協助晶淨科技自我檢視服務品質維持穩定一致，ISO 14000 則可用在公司治理上，最大限度減少營運流程中可能對環境造成的負面影響，也可做為落實企業社會責任的評鑑；同時維持品質與營運管理，符合環保法令及 ISO 標準的要求。目前，晶淨科技的永續發展，為公司治理堅持的最基本原則。

此外，晶淨科技也早早頒定了內部的綠色採購政策，如公務車、用紙到節能等，都有詳細規定。譬如，兼顧成本及友善環境，全公司改用 LED 燈；減少會議用紙，採購平板電腦做為取代；執行專案時，租用具節能標章或有助於節能減碳的車輛；出差時，盡量採用油電混合車，降低行車過程中產生的碳排放量，支持地方政府推動的永續發展概念。

除了在公司內部落實永續發展目標之外，晶淨科技更依據自身專業，協助客戶落實 SDGs、ESG 目標。

鄭宏德談到，ESG 已成全球風潮，企業揭露相關訊息成為投資人、銀行貸款的重要參考依據，臺灣的金管會更要求實收資本額達

二十億元的上市櫃公司，必須編製和申報永續報告書。換句話說，編寫永續報告書也將成為企業投入ESG的必要工作之一。

晶淨科技在 2020 年成立低碳永續小組，由業務部各組組長及一位年輕積極的工程師共同參與，總經理擔任總召集人，提供組員ESG相關教育訓練，制定每年的工作方向，做為內部推展ESG、減碳業務，以及未來輔導客戶落實ESG、協助政府執行低碳專案的基礎。目前已陸續有組員取得永續規劃師資格，也協助永源化工和永源金屬等多家業者進行碳盤查工作，跨出了落實低碳永續計畫的第一步。

### 淨零碳排，廢物循環減碳良方

鄭宏德提到，剛開始推動ESG時，因為導致生產成本增加，「說真的，業界難免會出現反彈聲浪，甚至透過協會組織或輿論方式，以防禦或觀望的姿態，應對這項要求。」因此，政府單位與顧問公司，在執行實務上必須花許多時間和心力，與業者溝通協調。

但鄭宏德觀察到，過去三年來，持續和企業溝通、協助企業提出ESG報告，分享如何透過社會責任、環境保護、公司治理等具體作為，提升企業形象等做法，也讓企業慢慢地願意了解、接受、落實ESG概念，譬如，環保署公告自 2023 年 7 月 1 日限用聚氯乙烯（PVC），禁止在食品包裝中使用，廠商企業都樂意配合。

鄭宏德說：「任何法令政策都會牽涉到所謂利害關係人，因此，晶淨科技協助政策施行規劃的同時，除了依循ESG或SDGs準則

之外，也會同時兼顧社會大眾及企業的想法，從社會責任、環境保護、健康福祉等不同角度，進行全面性考量，務實地制定規範。」

自從政府揭示與全球同步的 2050 年淨零排放目標，國家發展委員會也在 2022 年發布「臺灣 2050 淨零排放路徑」以及「十二項關鍵戰略」行動方案草案。其中，資源循環零廢棄項目正是晶淨科技的本業，尤其是廢棄物資源循環，不僅可讓廢棄物循環再生做出資源化產品，也可轉廢為能，符合淨零碳排往能源化方式發展。

在這樣的概念下，晶淨科技協助環保署規劃「廢棄物循環園區」相關政策，打造符合未來淨零轉型的循環經濟園區，規劃內容包括園區該具備的特色，以及物質循環、能源循環如何計算等，再交由各縣市政府做為執行準則，制定細部執行內容。

## 轉廢為能，永續推動循環經濟

在廢棄物資源化的部分，晶淨科技長期關注並持續精進「污泥資源化與再利用」的技術。

鄭宏德提到，過去污水廠產出的污泥因容易發臭且無法掩埋，不易處理，大多委由業者運用烘乾技術，做成植栽培養土，但後來發現許多業者並未認真處理。因此，內政部營建署嘗試建造試驗場域，引進國外新技術與小型實驗設備，在北部地區執行污泥碳化、中部地區做污泥氣化、南部地區則做燒結，分別建立示範觀摩廠。

後來由宜蘭縣政府成功爭取到營建署的污泥再利用示範驗證計畫，由晶淨科技協助此案，在宜蘭地區水資源中心（污水處理廠）

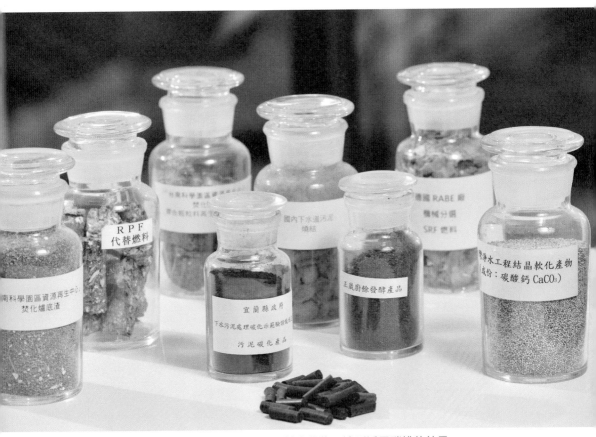

晶淨科技擅長「廢棄物資源循環」，可轉廢為能，達到淨零碳排的效果。

晶淨科技長期關注及具備污泥資源化與再利用的技術。

內設置污泥碳化系統，每日可將 10 公噸下水污泥碳化再利用，轉化成有價值的再生燃料，達到廢物再利用的目標。

鄭宏德曾經參觀過許多國外的污泥碳化廠，對日本印象最為深刻，他說：「日本東京電力公司投資興建五座下水道污泥處理廠，前三座都是採用先乾燥後焚燒的處理方式，第四、五座便改為污泥碳化及再利用。比起焚化，碳化更具減碳效益，同時留下有用物質，後續成為輔助燃料或其他資源產品。」節能減碳觀念風行，因此改變。

事實上，污泥碳化後功能很多，鄭宏德說：「碳化後的產物，在國外可以做為積雪道路的融雪劑；或是廢水處理過程中，做為幫助污泥脫水的助濾劑；或是做為類似無機土鋪在農田上，能抑制雜草生長。」

而位在宜蘭的這座污泥碳化廠，是全臺第一個污泥碳化示範點，落成後第一年驗證階段，每天將污泥碳化再利用，轉化成再生燃料生質炭，運用在生質能發電廠，取代燃煤，或者像水泥廠、火力發電廠、大型鍋爐製程中也可用到。

污泥碳化不僅轉廢為能，更比污泥焚化減少 37% 的碳排，達到

 **SDGs、ESG 實踐心法**

落實碳盤查，節能減碳排，重環保綠能，以人本管理，發展綠色科技。

節能減碳效果，是成功的實驗案例。而這項由晶淨科技負責履約管理及監造的「下水污泥處理碳化示範驗證廠」，也因此獲得行政院公共工程委員會所頒發的公共工程金質獎，以及更榮獲宜蘭縣第九屆公共工程優質獎，證明了晶淨科技的工程履約及監造能力深獲佳評。

　　未來，晶淨科技仍將持續運用廢棄物資源化以及資源循環的技術，協助企業或政府單位將廢棄物資源化，或將無法資源化廢棄物能源化。

　　除了進行規劃與評估外，晶淨科技也具備引進國外技術協助建

晶淨科技引進國外新技術，在臺灣執行污泥碳化的過程。

廠、財務市場評估的能力，提供企業或政府單位資源循環零廢棄的整體解決方案，這也是晶淨科技永續發展的第一個目標。

　　第二個目標則著重工廠輔導，包括未來工廠需要做減碳方案、淨零、碳盤查，或者配合ESG進行策略規劃等等。

## 堅持初心，在環保路上前行

　　鄭宏德談到，晶淨科技二十年來在輔導工廠累積了豐富經驗和實績，人員專業技能備受肯定，後續可利用碳盤查方式勾勒出工廠的減碳效益，提出線上能源回收及工業減廢，或者低碳減廢等可執行或深化的方案，「我們希望協助企業不只做碳盤查，更重要是執行減碳措施、減廢方案，引進適切的設備和技術，讓企業在減碳淨零路上不會走冤枉路。」

　　此外，晶淨科技也積極與學界及技術法人如臺灣大學、中央大學及工研院合作，進行策略聯盟，持續投入節能減碳、循環經濟，甚至發展綠電的評估與規劃，在邁向下一個二十年的階段，堅持初心，做客戶最堅實的後盾，與客戶攜手，在環保、轉廢為能的路上，繼續前行。（文／翁瑞祐、攝影／黃鼎翔）

# 堅定走在
# 通往永續發展的路上

面對全球各地極端氣候災難頻傳，地球環境惡化的程度比想像中更為嚴重，「永續」再也不是一種風潮，一個時尚用詞，一個離你我很遠的口號，而是迫在眼前必須做出的行為改變。

淨零碳排概念的興起，是挑戰、也是機會，當循環經濟、再生能源、轉廢為金、綠色生產、工業 4.0 及智慧製造，這些出現在企業永續報告書中的關鍵詞，成為永續經營的必修學分時，城市已經開始慢慢產生質變。臺中市環保局攜手企業，從空氣、水、廢棄物管理等各種不同面向，發展物質全生命週期的資源循環，讓城市的「靜脈產物」回到「動脈產物」，藉由公私合作，一步步建構出「永續之城」的樣貌。

做為全國第一個成立低碳推動專責單位的臺中市政府，2021 年正式簽署《氣候緊急宣言》，提出「永續 168 目標策略」，致力打造無煤城市。也依據聯合國永續發展目標三大原則：社會、經濟、環境，訂定出友善宜居共融社會、富強建設活水經濟、能源轉型零碳環境的永續發展目標。

在具體作為上，臺中市政府持續發展清淨能源、促進資源循環及轉型。臺中市環保局鼓勵產業研發回收處理技術，暢通去化管道，將廚餘沼渣及沼液變成有機肥料，焚化爐底渣再利用做為建材，試辦垃圾衍生燃料計畫，協調造紙業者協助試燒垃圾衍生燃料，建立起永續消費及生產模式。

畜牧業方面，推廣沼肥廢水入田再利用，翻轉畜牧糞尿的污染形象，重新利用成為農地的天然肥料，減少畜牧廢水排放至水體，降低河川污染。水質保護方面，運用智慧科技水盒子及水管家水質感測器，進行水質連續自動監測，從源頭減廢、查緝追溯污染。

與民眾生活息息相關的還有空氣品質，持續優化的「藍天白雲行動計畫」，針對固定、移動、逸散等空氣污染源稽查，運用數位化、大數據、5G傳輸、物聯網、人工智慧等現代科技，以智慧影像判煙稽查污染排放工廠，推動燃煤鍋爐退場；廣布建置空氣品質感測器，隨時偵測全市空品$PM_{2.5}$的變化。

面對民眾的第一線，則透過科技執法，加速老舊機車汰換，鼓勵民眾換購低污染電動車輛，完備友善充電環境，推動公有停車場建置電動車充電站，推動低碳運具及發展綠色大眾運輸，全面守護空氣品質，朝向乾淨、健康、永續環境邁進。

美好城市不該只是停留在想像，而是每位生活在城市裡的民眾必須身體力行，從日常生活中做起，選購並使用環保產品，遵循綠色消費5R準則，在各層面落實綠色低碳生活，唯有每個人都堅定走在通往永續發展的路上，才能營造出人類與地球共榮共好的未來。（文／林春旭）

將焚化爐轉型為再生能源電廠，
一步步達成淨零碳排的目標

財經企管 BCB799

# 永續之城
## 臺中市與企業攜手讓世界更好

作者——林春旭、翁瑞祐

企劃出版部總編輯——李桂芬
主編——羅德禎
責任編輯——郭盈秀
美術設計——劉雅文（特約）
攝影——胡景南（特約）、黃鼎翔（特約）
專案策劃——臺中市政府環境保護局

出版者——遠見天下文化出版股份有限公司
創辦人——高希均、王力行
遠見‧天下文化 事業群榮譽董事長——高希均
遠見‧天下文化 事業群董事長——王力行
天下文化社長——林天來
國際事務開發部兼版權中心總監——潘欣
法律顧問——理律法律事務所陳長文律師
著作權顧問——魏啟翔律師
社址——臺北市 104 松江路 93 巷 1 號
讀者服務專線——02-2662-0012 ｜ 傳真——02-2662-0007；02-2662-0009
電子郵件信箱——cwpc@cwgv.com.tw
直接郵撥帳號——1326703-6 號　遠見天下文化出版股份有限公司

製版廠——中原造像股份有限公司
印刷廠——中原造像股份有限公司
裝訂廠——中原造像股份有限公司
登記證——局版台業字第 2517 號
總經銷——大和書報圖書股份有限公司 ｜ 電話——02-8990-2588
出版日期——2023 年 6 月 23 日第一版第 1 次印行

定價——NT 480 元
ISBN——978-626-355-282-1
EISBN——9786263552746（EPUB）；9786263552753（PDF）
書號——BCB799
天下文化官網——bookzone.cwgv.com.tw
GPN——1011200736

國家圖書館出版品預行編目 (CIP) 資料

永續之城：臺中市與企業攜手讓世界更好 / 林春旭,
翁瑞祐著. -- 第一版. -- 臺北市：遠見天下文化出版
股份有限公司, 2023.06
　　面；　公分. -- (財經企管；BCB799)
ISBN 978-626-355-282-1(平裝)

1.CST: 企業經營 2.CST: 社會參與 3.CST: 綠色經濟
4.CST: 臺中市

494　　　　　　　　　　　　　　112009066

天下文化
BELIEVE IN READING